中小学生阅读书系

BOOKS
FOR PRIMARY AND
SECONDARY SCHOOL STUDENTS

初中
JUNIOR HIGH SCHOOL

中小学生阅读书系

初中
自然科学

物理定律的本性

The Character of Physical Law

【美】理查德·费曼　著

湖南科学技术出版社

导　读

　　物理就是万物运行的道理。自然界里一切事物的运行和演化，都是有着规律和道理的。我们生活在世界上，物理无处不在，可是很多人提起物理的时候却很是害怕的样子，也许是枯燥的教学和严格的考试让我们对物理产生了完全没有必要的隔阂。《物理定律的本性》记录了著名物理学家费曼做的七次公开演讲，给普通人介绍物理学研究的内容，特别是物理学规律的特性。这本书可以帮助我们消除物理学的神秘感，了解物理、熟悉物理甚至亲近物理。

　　费曼是举世闻名的物理学家，对二十世纪的物理学特别是量子电动力学的发展做出了重大贡献，在 1965 年获得了诺贝尔物理学奖。费曼也是了不起的教育家，一代又一代的学生从《费曼物理学讲义》里汲取营养。他还热爱科学普及，经常给各种各样的人做报告，从中小学生到普罗大众。

　　费曼的名声早就流传到科学界之外，因为他还是搞怪的行家、讲故事的能手、我行我素的科学顽童，很多人都听说过他的一些故事。当费曼还是个孩子的时候，就对世界充满了好奇，也喜欢动手搞搞化学实验、修修收音机等。费曼父母的文化程度并不很高，但他们很重视教育，注重培养孩子尊重知识和认真做事的习惯，给他买了百科全书，带他去博物馆参观，强调学习的过程比记住知识更重要。费曼的父亲还教他怎样观察事物，例如，带他去观察树林里发生的各种有趣的事情，告诉他知道一只鸟在各种语言里的名字并没有什么用处，你对它还是一无所知——重要的是观察和理解它的行为。这些都进一步激发了费曼的好奇心。

费曼非常有怀疑精神，从来不盲从也不惧怕任何权威。当他参与曼哈顿计划的时候，还只是个毛头小伙子，但是在著名科学家玻尔做报告的时候，他大胆提问，给玻尔留下了深刻的印象。后来玻尔就经常找他讨论问题，因为"这个小伙子不怕我"。

费曼是很好的老师，做的科普报告通俗易懂。费曼喜欢用形象的比喻来说明深刻的道理。"天神的游戏"就是一个著名的例子：他把世界万物的运行比作棋子在棋盘上的移动，物理学家研究大自然就像观众旁观天神在下棋，探寻物理学的规律就像观众通过观察棋子的移动来猜测天神下棋的规则。费曼还擅长用简单的例子来说明复杂的问题。在1986 年美国"挑战者号"航天飞机发生爆炸以后，费曼应邀参加事故调查委员会，用一杯简单的冰水向电视机前的广大观众演示说明了火箭爆炸的原因：发射时的低温天气使得火箭连接部的"O"型密封圈失去了弹性，从而导致了火箭燃料的泄露并进而起火爆炸。

费曼不是我们普通人印象中的那种"科学家"——严肃认真，一丝不苟，甚至严格得不近人情。他对待工作和生活更像是把它们当作一场规模宏大而充满乐趣的游戏，不拘泥于俗套的形式，而是在过程中寻找乐趣。他经常能提出一些奇思妙想，最有名的例子就是他把抽象而繁琐的数学公式变成了简单而古怪的图形技术（"费曼图"），用几个小时就解决了别人花了半年时间才得到的结果，不仅同样的精确，而且应用的范围更广。

《物理定律的本性》是费曼于 1964 年在美国康奈尔大学做的七次系列报告，目的是让对物理学感兴趣的普通人对物理学有些了解，知道物理到底是什么，物理学家们在研究些什么，自然现象背后的物理规律有哪些特性,等等。当然,这本书不可能也不打算对现代物理学做面面俱到的概述,而是展示一位卓有成就的物理学家如何看待世界,如何看待世界运行的规律。

牛顿最早提出了"万有引力",用它解释了月亮绕着地球转和扔出去的石头终究会落到地面上是一个道理。引力是无处不在的,从"水往低处流"到"地球绕着太阳转",从微小的原子世界到灿烂的银河乃至浩淼的宇宙,任何两个物体之间都存在引力。费曼用无处不在的引力来介绍物理规律的特性,以及我们是如何逐步地发现它们的,还有哪些需要进一步研究的内容。他强调了守恒律(没有什么东西会凭空出现或消失,当然前提是需要适当地定义什么是"东西"、什么是"出现"和"消失")和对称性(例如,完美的球体,六出的雪花,还有镜子中的你)在物理学中的重要性。他谈论数学和物理的联系和区别:数学是科学的语言,想要了解自然现象、欣赏自然之美,就必须懂得她的语言,大自然不会迎合我们的意愿;但是,数学家喜欢把推理做得尽可能的普遍,而物理学家总是对特殊情况感兴趣。

物理探寻的是万物背后的规律,不仅要"知其然",还要"知其所以然"。发现规律以后,还要与其他人交流,检验这个新发现是不是正确的,让更多的人认识到这个新规律,并用它来改造世界。马克思说过,"哲学家只是用不同的方式解释世界,而问题在于改造世界"。

怎么样才能知道自己真的理解了某个特定的问题呢?我们可以诉诸于"解决问题的费曼技巧",它说的是独自从头把一个问题搞清楚,"自己搞不出来的,就不能算我理解了";给起初完全不懂的人讲清楚,如果讲不明白就重新琢磨再接着讲,直到讲明白为止。其实这就是人们常说的"教中学、学中教",是真正的教学结合。费曼和普通的老师不一样,他不是年复一年地讲同一门课程,而是每次都换一个主题。《物理定律的本性》就是他向大众传播物理学的一次尝试,从中可以看到费曼对物理学的独特理解。

物理学的研究还有许多未解之谜。过去、现在和未来到底有什么区别？为什么会有这样的区别？我们这个世界到底是决定性的（"一切天注定，万般不由人"）还是有随机性的（"上帝掷不掷骰子"）？量子力学的世界和经典物理学的解释有哪些不同的地方？还有那些新的物理学定律，我们怎样寻找它们？费曼在介绍"提出猜想－计算结果－同实验比较"的探求过程的时候，也强调了"最重要的事情之一是要知道你什么时候是正确的"——可以通过"美和简单性"认出真理。在科学研究的过程里，我们需要想象，"但那是受到严格限制的想象"——实践是检验真理的唯一标准。

现在是一个非常特殊的时代，人工智能和大数据正在改变我们的生活，人类面临着"千年未有之大变局"。计算机可以战胜围棋冠军，赢得电子游戏的世界大赛，还能设计化学实验，分析蛋白质分子的结构——它们做得比人好得多。科学研究需要越来越多的资源，而人类认知能力面临着自然的极限。在人工智能主导的未来社会，什么是重要的问题呢？怎么才能解决这些问题呢？现在并没有明确的答案，但是物理学也许可以帮助我们，费曼思考问题的方式也许能启发我们。

我们生活在世界上，我们身边有各种各样的物理现象，它们背后有着一些普遍适用的物理规律，有的很简单，有的挺复杂，但是理解以后你会觉得它们很美妙，甚至可能很有用。《物理定律的本性》这本书可以让我们了解物理，消除物理的神秘感，渐渐地你就会觉得，物理真是很奇妙啊。

不用害怕物理，你会喜欢它的。

姬 扬

中国科学院半导体研究所 研究员

目 录

出版前言

本书分七章，是费曼教授在美国康奈尔大学所做的梅森哲讲座系列讲演。这些讲演的听众，是希望更加普遍地了解"物理定律的本性"的大学生。这些讲演并不是按照准备好的稿子宣讲的，而是根据一份简略的纲要即席发挥的。

在康奈尔大学，从 1924 年起就每年举行梅森哲讲座。在那一年，数学系的一位毕业生、后来的教授梅森哲（Hiram J.Messenger）捐助了一笔款项，以促进世界各地的著名人士来康奈尔大学访问并对学生们发表讲演。在设立这项讲座基金的时候，梅森哲就规定其用于"提供关于文明进步，特别是为了提高我们的政治、商业和社会生活的道德基准的单次讲演或者系列讲演的讲座"。

1964 年 11 月，杰出的物理学家和教育家费曼（Richard P. Feynman）教授被邀请来做 1964 年度的讲座。他以前是康奈尔大学的教授，现在是加州理工学院的理论物理学教授。他最近成为英国皇家学会（FRS）的一位国外成员，不仅以其对物理学定律的贡献，也以其把他的研究生动地讲授给非物理学家的本领而著称。

本书的各章是他各次讲演的记录，这些讲演是在一个使费曼教授得以不受拘束地表演他的口才和姿态的大讲台上做出的。他具有作为一位演说家的国际声誉，而且亦以其激动人心的讲授风格而闻名。本书准备为那些电视观众提供一种引导性的或者记忆性的帮助，他们观看了讲演的播出之后，还希望得到一种可供随时参考的文字读物。虽然本书怎么说都不能当成一本教科书，但对于那些追求对物理学定律的清晰理解的物理系学生，他们将会由此得到许多启示。

英国广播公司（BBC）的第一套节目（BBC1）先前已经与费曼教授很熟悉了，他是在菲利普·达利（Philip Daly）制作的《处在物质中心的人们》的节目中被邀请的物理学家之一；并且费曼也以他关于"奇异数为负三"的光辉贡献而闻名，那是关于 1964 年科学新发现的最具吸引力的节目之一。

当 BBC 的"科学与特写"部门知道了费曼教授要做梅森哲讲座的讲演时，对此很感兴趣，赶去拍摄了讲演的全过程。这一系列讲演在 BBC 的第二套节目（BBC2）中作为"继续教育计划"的一部分播出，延续了先前由一批杰出科学家比如邦迪（Bondi）讲的相对论、肯德鲁（Kendrew）讲的分子生物学、莫里森（Morrison）讲的量子力学和珀特（Porter）讲的热力学等多次讲演的风格。

你们要读到的是那次系列讲演的文字记录。费曼教授核对了其中科学内容的精确性。我的助手霍尔姆斯（Fiona Holmes）和我整理了原来的口头语言，写成适于印制的书面文字。我们希望本书能被大家接受。与费曼合作真是一种难得的经历，我们相信观众们和读者们都会从这一策划中受益良多。

BBC 感谢康奈尔大学新闻处允许我们复制图版 2，并且感谢加州理工学院允许我们复制在第一章里所用到的其他照片和插图。

想要更加详细地学习费曼教授的著作的学生们，应该会对在康奈尔大学教务长的致辞里提到的费曼的一套教科书感兴趣，它就是由加州理工学院出版的《费曼物理学讲义》(*The Feynman Lectures on Physics*)。

斯利斯

BBC 实况广播制作人

科学与特写部　1965 年 6 月

致　辞

女士们和先生们，我很荣幸来介绍梅森哲讲座的讲演者，加州理工学院的费曼教授。

费曼教授是一位杰出的理论物理学家，他在从标志着战后物理学突飞猛进时期的大混乱中整理出头绪来的工作里，做出了重大的贡献。在他所得到的许多荣誉和奖赏中，我只提到 1954 年的爱因斯坦奖就够了[1]。这是一个每三年颁发一次的奖项，包括一枚金质奖章和一笔可观的奖金。

费曼教授在麻省理工学院（MIT）完成他的本科学业，在普林斯顿大学读完研究生。他先在普林斯顿，后在洛斯阿拉莫斯参加了曼哈顿计划。1944 年他被任命为康奈尔大学的助理教授，虽然在战争结束之前他没有到任。我想看看他在被康奈尔任命的时候人们是怎样说他的，这也许是一件有趣的事情。因此我在我们大学的董事会会议记录里寻找……而那里根本没有关于他任命的记录。不过，还有约摸 20 份关于他请假、提薪和升职的文件留在那里。其中一份文件特别引起了我的兴趣。1945 年 7 月 31 日，物理系的主任致函给文学院的院长说，"费曼博士是一位出色的教师和研究人员，像他这样的人才是很罕见的"。系主任提出说，像费曼这样一位杰出的教授，年薪三千美元是少了一点，

1　费曼于 1965 年获得诺贝尔物理奖。——译注

并且建议给费曼的年薪增加九百美元。而那位院长则以一种不寻常的慷慨大度，并且完全不顾学校出不出得起，大笔一挥将九百美元这几个字划掉，改成了一千美元。你们可以由此看到，我们甚至在那时候就已经高度评价费曼教授了！费曼在1945年年底到我们这里上任，并且在我们的教授队伍里度过了富有成果的5年。他在1950年离开康奈尔大学去了加州理工学院，此后一直留在那里。

在我请他讲演之前，我想告诉你们一点他的事情。三四年前，他在加州理工学院开始讲授一门基础物理学的课程，结果使他又博得了更广泛的声誉——他的讲义现在出版了两卷[1]，它们为物理学的教育带来了一种耳目一新的方式。

在出版的讲义的序言页上有一幅费曼在欢快地演奏着邦戈鼓的相片。我在加州理工学院的朋友们告诉我，有时候他会偶然出现在洛杉矶的夜间娱乐场所里，客串鼓手的角色；不过费曼教授则对我说没这回事。他的另一个特长是打开保险柜。传说他有一次打开了在一处保密设施里的一个锁好了的保险柜，拿走了一份机密文件，并且留下了一张条子，上面写着"猜猜是谁？"我还可以告诉你们有一次他在要去巴西讲学之前怎么样学习西班牙语的故事，不过还是省了吧。

我想，我已经向你们介绍过足够的背景材料了，因此请让我说，我很高兴欢迎费曼教授回到康奈尔来。他要讲的系列讲座的总题目是"物理定律的本性"，而他今天晚上的这一讲的题目叫作"引力定律——物理定律的一个例子"。

康奈尔大学教务长

戴勒·R. 科尔森（Dale R. Corson）

为1964年度梅森哲讲座所作的介绍词

1　这套讲义的第三卷即最后一卷于1965年出版。——译注

引 言¹

　　科学史家们的流行做法是深入探究科学革命的意义。每一次科学革命都是伴随着一批天才而来到的，那指的是一些男人和女人，通过他们的能力和想象力迫使科学共同体破除旧的思想习惯和接纳不熟悉的新概念。天才是已经受到大量研究的一种现象，而其重要性还没有得到多少注意的，或许是称为风格的东西。然而，对于科学的进步，研究风格的改变会与通常的天才给出同样大的冲击。

　　理查德·费曼在罕见的天才和非凡的风格这两方面都是很突出的。生于 1918 年的费曼，已经赶不上参与物理学的黄金时代，那是指 20 世纪前 30 年里由于相对论和量子力学而改变了我们世界观的两次科学革命。这些根本的发展铺设了我们叫作新物理学这座大厦的基础。费曼从那些基础出发，协助建立起这座大厦的底层。他的贡献触及物理学的几乎每一个角落，并且对物理学家们的思维方式产生了深刻而持久的影响。

　　费曼起初在他对粒子物理的研究，特别是对叫作量子电动力学或者简称 QED 的研究中留下了自己的名字。量子理论实际上是从这个问题开始的。1900 年普朗克提出，在那之前一直看作波动的光和其他种

1　这部中译本是根据 1982 年的原文版本译出的，这篇引言是根据 1992 年的原文版本添加的。——译注

类的电磁辐射，在它们与物质相互作用的时候，都应当看成是能量的一些微小的份额，即"量子"。这些微粒性的量子后来叫作光子[1]。到了20世纪30年代早期，新的量子力学的建筑师们已经建立了一种数学程式，去描写光子被像电子那样的带电粒子发射和吸收的过程。虽然这种QED的早期程式得到了某些成功，理论上却是有明显缺陷的。在20世纪40年代后期，年轻的费曼正是专注于建造一种首尾一致的QED理论这样的问题。

要把QED置于一个坚实的基础之上，需要使理论不仅与量子力学的原理，而且与狭义相对论的原理取得一致。这两种各自具有独特的数学方法以及复杂的方程系统的理论，确实能够协调和结合起来，产生一种QED的满意描述。这是由费曼和他的同代人建立的方法。然而，费曼自己是以一种全然不同的方式来考虑这个问题的；这种不同之处表现在，事实上费曼在一定程度上能够以一种直接的方式写出答案，而完全不必用到数学！

为了把这种直觉的特别技巧形象化，费曼发明了一套后来以他的名字命名的简单的图形系统即费曼图。费曼图是一种有效而明白的符号系统，用来画出当电子、光子和其他粒子相互产生作用的时候发生了什么事。今天我们依靠这些图形来进行日常的计算，但在20世纪50年代时，它们显得是对进行科学研究的传统方式的一种惊人的背离。

QED的特殊技术问题虽然是物理学发展的一块里程碑，但亦仅仅是作为费曼的独特风格的一种演示，他的风格反映在战后物理学的发展，以及引发了几十项重要的进展中。

最好把费曼的风格描写成对普遍承认的智慧的一种尊敬和失敬的混合物。物理学是一门精密科学，而现存的知识体系虽然是不完全的，亦

---

[1] 普朗克在1900年为了解决黑体辐射问题而提出的能量子概念，指的不是光而是发出辐射的腔体物质的振子的能量。光量子概念是爱因斯坦1905年提出的。——译注

不能置之不理。费曼在很小的年纪就难得地掌握了物理学的现成原理，然后他选择去做几乎所有通常的问题。他不是那种局限在学科领域的浅水区兢兢业业地工作，而在需要涉足新的深度时犹豫不决的天才。他具有以一种特殊的方法进入基本的主流课题的特别才干，这意味着避开现成的程式，发展他自己依赖高度直觉的方法。当大多理论物理学家依靠小心谨慎的数学计算来提供一种引导和一种帮助，带领自己到不熟悉的领域的时候，费曼的方法则几乎是自由发挥的。

费曼的方法意味着不仅对严格的程式表现了一种大度的藐视，而且在他的想法和交流里运用了一种天才的非正式思路。很难传达以这种风格工作所需的天才的深度。理论物理学是人类努力从事的最困难的事业之一，并且它的各个概念是那么微妙和抽象，那些概念通常是不能够形象化的，而且技术上的复杂性亦使得不可能一下子从整体上掌握它。大多数物理学家只能够依靠最高级的数学和概念上的修养来取得进步。然而，费曼看起来好像是稳当地驰骋在这种严格的惯常规则之上，并且不断采集新的结果，如同从知识之树上摘取成熟的果实一样。

费曼的风格在很大程度上出自他个人的性格。在他的专业工作和私人生活里，他好像把世界当作一场巨大而有趣的游戏。物理世界向他展示了一系列迷人的谜团和挑战，而他对社会环境亦是这样看待。一位一生都爱开玩笑的人，他对权威和学术机构的态度都不大尊敬，就像对乏味的数学程式一样。谁也不乐意受愚弄，只要他发现了一些武断的或者荒唐的旧规则，他就会推翻那些规则。在他的自传性的作品里，写下了一些有趣的故事：费曼在战争期间戏弄了原子弹基地的安全措施，费曼打开锁住的保险箱，费曼消解了一群妇女的恶意攻击。他以同样的要就要、不要就拉倒的方式对待他因 QED 的工作而获得的诺贝尔奖。

在藐视拘泥于形式的俗套之余，费曼迷恋诡秘和难解的事物。许多人会记得他对位于中亚细亚的久被遗忘的图瓦共和国的着迷，他是那么高兴地被一部有关的纪录片迷住了，那是在他 1988 年去世之前不久制作的。他的另一些热心的消遣，包括了演奏邦戈鼓，绘画，常去表演脱衣舞的俱乐部以及解读古代的玛雅文字。

费曼对生活并且特别对物理学的这种随心所欲的态度，无疑使得他成为这样一个超级的传播者。在他工作的加州理工学院，费曼不常做正式的讲课，甚至亦花不了多少时间来指导他的博士生。然而只要适合他的意愿，他就能给出辉煌的讲演，展示所有智慧的火花、洞察的见识，以及有关他的研究工作的随意发挥。

在 20 世纪 60 年代中期，费曼被邀请到纽约州的康奈尔大学做了关于物理定律的本性的一系列普及讲座。这些讲座由英国广播公司（BBC）作为电视节目记录下来，后来又由 BBC 出版了一部书。我在 60 年代后期还是一名青年学生的时候得到了一本，发现这些讲座是很吸引人的。给我深刻印象的主要是费曼能从最朴实的概念出发讨论物理观念的方式，其中几乎不用数学，并且很少用到专门的术语。他掌握了那样的窍门，能够从恰好的比拟或者日常的例子讲出一条非常深刻的原理的本质，而不会被一些附带的或者次要的细节所蒙蔽。在我的整个专业生涯里，我总记得他关于能量守恒定律同尝试用湿毛巾去擦干你的身体这个问题的卓越譬喻。

在这些讲演里选择的各个课题，并不打算成为现代物理学的一种综合性的概述。它们更适合看作是用费曼的眼光看待潜藏在物理学理论的心脏部位的问题和谜团的观点。全部物理学都植根于定律的观念，对于我们生活在一个有秩序的世界的信心，是可以通过理性的推理来理解的。但当我们直接观察自然界的时候，我们并不能显而易见地看到那些物理学定律。它们是隐藏起来的，是在我们研究的现象当中隐藏着的一些微妙的密码。

在费曼的第一次演讲里，讨论的最广为人知的定律是牛顿的引力定律。大多数其他的定律关系到描写物质粒子怎样相互作用的各种力的本性。但是这些力当中有少数是很特别的，而费曼自己具有这样的显赫声望，跻身于历史上发现一种新的物理学定律的少数科学家的行列之中，他的贡献说明了一种弱核力如何影响某些亚原子粒子的行为。

高能粒子物理学以它魔术似的巨型加速器以及看起来无尽头的新发现的亚原子粒子名单，支配了费曼这一代物理学家。费曼的研究领域主要在这一方面。在粒子物理学家中的一个伟大的统一主题，就是对称性和守恒定律是怎么样支配着亚原子动物园的秩序的。康奈尔讲座中的大部分内容都关系到在亚原子领域里，这些抽象的对称性和守恒律的状况。虽然自从 20 世纪 60 年代以来粒子物理学已经有了突飞猛进的发展，这些讲座仍然是有基本意义的。

同费曼对于对称性的兴趣正好相反的是有一次关于不对称性的讲座，即所谓时间箭头的问题。费曼对于这一课题的迷恋从他做博士论文的时候就开始了，那是在第二次世界大战期间的动荡年月里由惠勒指导的。原来的问题关系到试图构筑一种电动力学的理论，其中过去和将来对称地进入理论中。那是费曼第一次遭遇电动力学，后来由此绽放了他获得诺贝尔奖的 QED 工作的花朵。但是，时间箭头问题基本上仍然没有解决，继续困扰着理论物理学家的头脑。费曼复述了这一问题，他对这一问题的本性所做的精巧揭示，仍然是对这一迷人的课题的一种经典论述。

从任何标准看来，这本书里所讨论的各个观念都必定是有深刻的哲学意义的。尽管费曼总是对哲学家们抱着怀疑的态度。我有一次有机会逮住他讨论了数学的本性和物理学定律，以及抽象的数学定律是否可以看作是享有一种独立的柏拉图式的存在这样的问题。他对为什么看来确实如此的原因，给出了一种生动和巧妙的描述，但当我迫使他站在某种特定的哲学立场的时候，他就很快退缩了。当我试图从他口中引出还原论的议题的时候，他亦同样地警觉起来。总而言之，事后我相信费曼并不轻视哲学问题。但是，正如他能够不用系统的数学工具去做精细的数学物理问题一样，他也能够产生某些精细的哲学见解而不需要系统的哲学学说。他所讨厌的是形式而不是内容。

看来这个世界将来不大可能看到有另一位费曼。他正是他那个时代的一个人物。费曼的风格对于巩固完善一次科学革命和开发它的种种结果这一过程中的一个主题来说是成功的。战后的物理学安全地站在它的基础上面，它的理论结构是成熟的，虽然仍然有广阔的天地可供随意开发。费曼的风格启发了整整一代科学家。这本书仍然是我所知道的，关于他的令人愉悦的看法的最佳记录。

戴维斯（Paul Davies）

阿德莱德（Adelaide）1992

第1章 引力定律——物理定律的一个例子

奇怪的是，每当我偶尔被请去一处正式场合演奏邦戈鼓的时候，主持人好像从来也不觉得有必要提到我还会做理论物理。我相信，这也许是由于我们尊重艺术甚于尊重科学的缘故吧。文艺复兴时期的艺术家们说，人们主要关心的应该是人文方面的东西，而世界上还有各种各样有趣的东西。即使是艺术家也会欣赏日落和海浪，以及群星划过天空的运行。那么，我们也有理由不时谈论其他的事物。当我们注视这些事物的时候，我们从对它们的观察直接感受到美学上的愉悦。在自然界的各种现象之间，也存在着肉眼看不到的，而只能用分析的眼光看到的节奏和样式，我们正是把这些节奏和样式称为物理定律。我在这一系列讲座里讨论的就是这些物理定律的一般本性；如果你明白了，就达到了另一个层次，一个比那些定律本身更高的层次。我确实把自然界当作通过缜密分析而得到的一种结果，但我在这里主要想讲的只是自然界最普遍的、笼统的性质。

噢，这样的一个话题会倾向于变得太哲学化了，因为它变得那么普遍，当一个人谈到这样一些普遍性的东西的时候，每一个人都能够听懂。他讲的这个话题就会被认为是具有某种深刻的哲学意义了。而我更喜欢具体一些，并且我喜欢以一种纯正的而不是含糊的方式来理解。因而在我的这第一次演讲里，我尝试给出物理定律的一个例子，而不是仅

1

仅谈论普遍性，使得你们至少了解我在普遍描述的事物的一个例子。接下来我将反复地运用这个例子作为例证，这样做有助于得出一种实在的认识，不然的话就会变得太抽象了。我选择了引力理论，引力现象的物理定律作为我的具体例子。我不知道为什么我会选择引力。事实上它是最先发现的那些伟大定律当中的一个，而它也有一段有趣的历史。你会说，"是的，不过那是一个古老的话题了，而我想听听关于一门现代科学的东西"。更新近的东西，也许不一定是更现代的。现代科学是精确地按照引力定律发现的同一传统建立起来的。而我们会谈到的只是一些新近的发现。我一点也不觉得同你们讲引力定律有什么不好，因为在讲到它的历史和方法以及它被发现的特征和它的性质的时候，我是完全按照现代的方式来讲的。

引力定律被称为"人类头脑所能达到的最伟大的推广"，而你们已经从我的介绍里猜想到，比起能够遵从像这条引力定律那样优美而简单的定律的奇妙的自然界来说，我对人类头脑并不是那么感兴趣的。因此，我们主要集中讨论的不是我们有多么聪明去发现它，而是自然界有多么聪明去设置这样一条定律。

引力定律，或者万有引力定律，说的是两个物体彼此施加一种力，其大小同两个物体间的距离的平方成反比，并且同两者质量的乘积成正比。我们可以运用数学把这条伟大的定律用以下的公式写出来：

$$F = G\frac{mm'}{r^2}$$

这道公式的意思是：力的大小等于某一常数乘上两者质量的乘积，除以距离的平方。好了，如果我再指出说，一个物体以产生加速度的方式来对一个力做出反应；或者说同它的质量成反比地每秒改变它的速度；或者说如果它的质量越小，则其速度变化越大，即与质量成反比；那么我就已经说出了关于引力定律所需要讲的一切。现在我知道你们不都是数学家，你们不能立即看出来从这两句说明会得到的所有结果，因此我在这里要做的是简要地告诉你们发现这一定律的故事，它有一些什么样的结果，这一发现给了科学的历史什么样的影响，在这样的一条定律的背后留下了什么样的一类奥秘，这涉及爱因斯坦后来所做的一些改进以及可能还有它同物理学其他定律的关系。

这件事的历史，简单说来是这样的。古人早就发现了各个行星看来是在天空中运行的，并且下结论说各个行星包括地球都是环绕着太阳运行的[1]。这种早期做出的贡献在被人们长久遗忘之后，又由哥白尼独立发现。那么，要研究的下一个问题就是：它们是以怎么样的精确形式环绕太阳运行的？就是说，它们做的是怎样的一种精确的运动？它们是以太阳为圆心而运动的，还是沿着别种曲线运行的呢？它们运动得有多快？如此等等。经过了漫长的日子才做出这样的发现。在哥白尼之后的岁月，是对于行星事实上是同地球一起环绕太阳运行，还是地球处于宇宙的中心等问题展开激烈争论的年代。后来有一个名叫第谷·布拉赫的人[2]发展了一种方法来回答这个问题。他想到一个可能很好的主意：非常非常仔细地观察，把天空中出现的各个行星的位置精确地记录下来，然后就可以根据这些资料，把各种不同的理论一一区分开来了。这正是跨入现代科学的钥匙，它正是对自然界理解的真正开始——这就是观察事物、详尽记录，并且希望如此得到的资料会成为检验这样或那样的理论解释的线索的概念。于是，第谷这位在哥本哈根附近拥有一座岛屿的富有地主，在他的岛上装设了一些指向特定方位的巨大的环状黄铜器械，并且夜复一夜地记录各个行星的位置。只有通过这样艰苦的工作，我们才能够发现并得到什么东西。

当收集好了所有这些资料之后，第谷把它们传到了开普勒手上，后

1　古希腊的阿利斯塔克（Aristarchus）曾经提出过太阳系的日心说。——译注

2　第谷·布拉赫（Tycho Brahe,1546—1601），丹麦天文学家。——原注

者就尝试据此分析各个行星环绕着太阳做的是什么样的运动。而他用尝试和纠错的方法来做这件事。他一度认为他已经找到了规律；他设想各个行星都沿着一些圆形轨道环绕太阳运行，而太阳则不在圆心上。那时候开普勒审视着一颗行星的资料，我想那是火星，发现它的位置偏离了8弧分[1]，而他断定第谷·布拉赫的观察不可能有这么大的误差，因而他原来的想法不是正确的答案。就这样，由于实验的精确度，使他能够前进到下一次尝试，并且终于发现了三件事。

第一，他发现了各个行星沿着椭圆轨道绕太阳运行，而太阳则处于这些椭圆的一个焦点上。所有艺术家都晓得椭圆这种曲线，因为它是一个按照透视法压扁了的圆。孩子们也知道椭圆，因为有人告诉他们说，如果你在一段线绳上套上一个小环，把线绳的两端分别固定好，然后把一支铅笔穿进小环里，把线绳绷紧滑动，就可以画出一个椭圆（图1）。

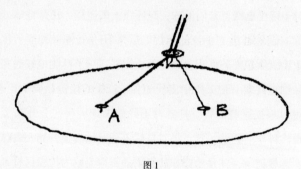

图1

这样的两个固定点 A 和 B 就是椭圆的两个焦点。一颗行星环绕太阳的轨道，就是一个以太阳为一个焦点的椭圆。下一个问题是：在沿着椭圆运行的时候，行星是怎样行进的？当它靠近太阳的时候，它会走得快一些吗？当它远离太阳的时候，它会走得慢一些吗？开普勒也找到了这些问题的答案（图2）。

1　1弧分等于1度的1/60，1弧度约等于57.3°。——译注

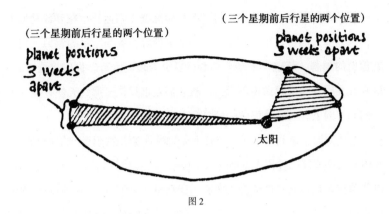

（三个星期前后行星的两个位置）
planet positions
3 weeks apart

（三个星期前后行星的两个位置）
planet positions
3 weeks apart

太阳

图 2

　　他发现，如果你隔开某一给定的时间间隔，比方说隔开三个星期，先后记下一颗行星的两个位置；然后再在这颗行星轨道的另一处，隔开同样的三个星期，先后记下它的两个位置。分别画出从太阳到行星的几个位置的连线（这种连线的专门名词叫作"矢径"），你会看到，不论在行星轨道的什么地方，被行星轨道和通过隔开三个星期前后行星位置所画的两条连线所包围的面积是相同的。因而，为了精确地扫过相同的面积，行星在靠近太阳时必定要走得快些，在离开太阳较远时必定要走得慢些。

　　几年之后，开普勒发现了第三条规则，这条规则不是仅仅涉及单个行星环绕太阳的运动，而是关系到不同行星轨道运动的联系。它说的是，行星环绕太阳 1 周的时间，是同它轨道的大小相关的，并且各个行星环绕太阳 1 周的时间之比，等于其轨道大小的立方的平方根之比；这里说的轨道大小，指的是横跨轨道椭圆的最长一条直径。这样，开普勒就有了三条定律，总括起来可以说成是：行星的轨道形成一个椭圆；在相等时间内扫过相等的面积；以及行星环绕太阳一周的时间正比于轨道大小的二分之三次方，即为轨道大小的立方的平方根。开普勒的这三条定律给出了各个行星环绕太阳的运动的完整描述。

下一个问题是：是什么使得各个行星环绕太阳运行？在开普勒那个时代，有些人回答这个问题说，有一些天使躲在各个行星的背后，拍打着他们的翅膀，就这样推动着那些行星沿着轨道运行。你们将会看到，这个答案同真实情况差得不太远。唯一的差别只在于那些天使处在一个不同的方向上，而且他们的翅膀是向内侧扇动的。

与此同时，伽利略正在研究着手头的普通物体在地面上的运动规律。在研究这些定律的过程中，他还做了观察诸如球体是如何沿着斜面下滑，以及单摆是如何往复摆动等的实验。伽利略发现了一条叫作惯性原理的伟大原理，它说的是：如果一个没有受到外来影响的物体以某一确定的速度沿着一条直线前进，它就将永远以同一速度沿着同一直线行进。对于曾经尝试使一个球体永远滚动下去的任何人，听到这句话都会不相信；但是，如果满足了上述理想化条件的话，如果不存在诸如与地板的摩擦等外来影响的话，球体确实会以一种均匀的速度永远行进下去。

下一步是由牛顿迈出的，他讨论了这样的问题："当物体不沿直线前进的时候发生了什么事？"他的回答是这样的：需要有一种力来以不同的方式改变物体的速度。例如，如果你沿着一个球体运动的方向推它的话，它就会加速。如果你发现它的运动方向改变了的话，它一定受到了侧向的力。力是以其两种效应的乘积来量度的。在一段短小的时间间隔里它的速度改变了多少，那叫作加速度；加速度乘上一个物体的叫作质量的系数，即它的惯性系数，其乘积就等于力。我们可以对此进行测量。例如，如果一个人把一块石子绑在一根绳子的末端，并且把它在头顶上甩开转起来，这个人就会感觉到要拉住绳子。这里的原因是，虽然石块沿着圆周运动的速率没有变化，但它的方向时刻在改变；必定要有一个持续向里面拉住它的力，而这个力是与其质量成正比的。因此，假如我们取来两个不同的物体，先甩起第一个在头顶上转圈，再甩起第二个以相同的速率转圈，我们测量在第二种情况下的力，就会发现第二次

6

的力的大小同第一次相比，等于两个物体质量之比。这是通过改变物体速率所需要的力来测量其质量的一种方法。牛顿从这里看到了，举一个简单的例子，如果一颗行星沿着圆形轨道绕太阳运行，不需要任何力使它沿侧向即切线方向行进，假如完全不受力，它就会只靠惯性一直向前行进。但事实上行星并没有一直向前进，稍过一会儿它发现自己不能够按照假若完全没有受力时的路径前进，而是要倾向于朝太阳坠落（图3）。换句话说，行星的速度，它的运动轨道，已经朝向太阳偏折。因而，天使们要做的事，只是时时刻刻朝向太阳拍打他们的翅膀。

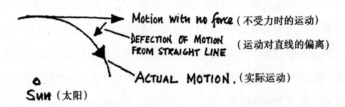

图 3

　　然而，我们不知道有什么理由，使得行星要保持沿着直线的运动。为什么物体永远要凭惯性向前进？我们从来没有为此找到过什么理由。惯性定律没有什么已知的起源。虽然天使们是不存在的，而行星的运动仍然持续不停，但为了得到朝向太阳的下落效果，我们确实需要一种力。现在变得清楚了，力的起源就是朝向太阳。事实上，牛顿能够说明，矢径在相等的时间里扫过相等的面积这一规律，乃是速度的所有变化都是精确地指向太阳这一简单观念的直接结果，即使在椭圆轨道的情况下也是如此。在下一章里，我将会向你们详细说明这是怎么回事。

　　牛顿从这条定律确认了力是朝向太阳这一观念，并且从不同行星的运行周期是怎样随着它们到太阳的距离而变化的规律，就有可能确定力以什么样的形式随距离而减弱。他能够确定，力必定同距离的平方成反比。

到这里为止，牛顿还没有说出什么自己的话，因为他只是陈述了开普勒用不同的语言讲过了的两件事。其中之一完全等价于力是朝向太阳的陈述，另一件事则完全等价于力与距离的平方成反比。

然而，人们已经用望远镜看到了木星周围有几颗卫星环绕着木星运行，看起来就像一个小型的太阳系，好比那些卫星被木星吸引着一样。月球被地球吸引过去，环绕地球运行，也是以同一方式被吸引的。看起来好像每一个物体都被每一个别的物体所吸引，因而下一个陈述就是把这一想法推广，说每一个物体都吸引每一个其他物体。如果是那样的话，地球必定拉住月球，就像太阳拉住地球一样。然而，人们已经知道地球正在拉住各种各样的物体——因为你们现在都紧贴在椅子上坐着，尽管你很想能够自由自在地在空中飘浮。地面上的物体被拉住这件事，已经作为重力现象而众所周知了，而牛顿的想法则是，也许使月球保持在轨道上的引力与使物体拉向地面的重力是一回事。

容易算出月球在一秒的时间里朝向地球落下多远，因为你知道了它的轨道的大小，知道了月球用一个月的时间环绕地球一周；如果你算出了月球在一秒的时间里走多远，你就能算出月球的圆形轨道在一秒的时间里，比起如果它不是走它确实走过的圆周而走的是直线时要落下多少。这一距离是二十分之一英寸（1 英寸 =2.54 厘米，全书同）。月球离开地球中心的距离，是在地面上的我们离开地球中心的距离的六十倍；我们到地心的距离是 4000 英里（1 英里 =1.609 千米，全书同），因而月球到地心的距离是 240000 英里。因此，如果反平方定律是对的话，地面上的一个物体应当在一秒的时间里下落（1/20）英寸 × 3600（即 60 的平方）[1]，因为按照反平方定律，从地面到月球，

1　费曼在这里讲地面上的物体在 1 秒的时间内落下的距离，指的是从静止开始的第 1 秒（头 1 秒，不是"每一秒"）。这段距离数值上等于 g/2（g 是重力加速度），即等于 4.9 米，合 16 英尺。——译注

引力减弱到 (60 × 60) 分之一。(1/20) 英寸 × 3600 大约是 16 英尺（1英尺 =0.30 米，全书同），而从伽利略的测量已经知道，在地面上的物体在头一秒内落下 16 英尺。因而，这意味着牛顿的路子走对了，现在已经往前进了，因为已经将月球的轨道运行周期和它同地球的距离这一新的事实，同在地球表面上一个物体在一秒内落下多远这一先前毫无关联的事实联系起来了。这是一场戏剧性的检验，而一切都很顺利。

牛顿再往前进，又做出了许多其他预言。他能够计算出，如果力满足反平方定律的话，轨道的形状应当是什么样子；并且他发现了那的确是一个椭圆——他就这样做出了他的推广。此外，几种新现象有了清楚的解释。其中之一是潮汐现象。潮汐是由于月球对地球和它表面的水体的吸引而产生的。在从前对潮汐的有些考虑遇到了困难，如果那是由于月球对于海水的吸引使得在正对着月球的部位海水要比周围高出来的话，那么应该是每天只在正对着月球的部位有一次海潮（图 4），但实际上我们知道差不多每 12 小时有一次潮汐，也就是一天两次。还有另一派别的想法，导致另一种结论。他们的理论是说，受月球吸引的是地球，使得它离开水体，这样就会在背向月球的那一面形成涨潮。牛顿实际上是第一个认识到在潮汐现象中发生了什么事的人；他认识到，

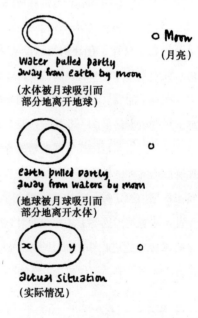

图 4

9

在同一距离上，月球吸引地球和吸引海水的力是一样的，但同刚性的地球比起来，处在 y 处的海水比较接近月球，而在 x 处的海水则比较远离月球。于是，比起地球来说，在 y 处的海水受到朝向月球的较强的吸引，而在 x 处的海水则受到朝向月球的较弱的吸引，因而这两种图像的结合就产生了一天两次的潮汐。实际上地球也玩着同月球一样的把戏，它也环绕着一个圆周运行。月球作用于地球的力被平衡了，但是被什么东西平衡了？那是由于正如月球沿着圆周运行来平衡所受到地球的力一样，地球也沿着一个小的圆周在运行。这个小圆的圆心处在地球内部的某处。地球亦沿着这个圆周运行来平衡所受到的月球的力。地球和月球都环绕着一个共同的中心运行，使得地球所受到的力得以平衡；但在 x 处的海水受到月球的吸引较弱，而在 y 处的海水受到月球的吸引较强，就使得海水在两侧都鼓涨起来了。这样就说明了潮汐发生的次数，事实上是一天里面有两次。一大批其他的事情也变得清楚了：地球怎么会是圆的，那是因为什么东西都被强拉进去了；地球又怎么会不那么圆呢，那是因为它在自转，在外侧的部位就被甩出去一点了，而它则达到了平衡；太阳和月球怎么会是圆的呢，如此等等。

在科学的发展和测量做得更精确的进程中，对牛顿定律的检验变得越来越严厉，最早的一些精细检验，包括对木星的几个卫星的观察。通过对这些卫星运行的长时间的精确观察，我们就能够检查根据牛顿的原理所做出的种种结论而发现情况并非如此。木星的几个卫星看起来有时候比根据牛顿定律计算出来的时刻早到 8 分钟，有时候则迟到 8 分钟。并且还注意到了这些卫星比预期时刻要早到的情况，都发生在木星正朝向地球接近的进程中，而卫星比预期时刻要迟到的情况，都是木星正在远离地球之中，一种相当古怪的巧合。罗默先生 [1] 坚信万有引力定律，

1　罗默（Claus Roemer，1644—1710），丹麦天文学家。——原注

他得到一个有趣的结论：光从木星的卫星传到地球是需要一段时间的。当我们看到这些卫星的时候，看到的不是它们当时所处的位置，而是它们在光传到地球上的这一段时间之前所在的位置。当木星向我们接近的时候，它发出的光传到我们这里的时间就要短一些，当木星正在离开我们的时候，光传到我们这里的时间就要长一些，因而罗默必须依据它们或者早到或者迟到的事实来校正那些不同时间差的观察数据。他用这种方法就能够测定光的速度。这是光并不是一种即时传播的物质的第一个证据。

我向你们讲到这一特别的事例，是因为它说明了当一条定律是正确的时候，它就能够被用来发现另一条定律。如果我们坚信一条定律，那么如若出现了一些看来是错误的东西的时候，正是向我们提示了另一种现象的存在。如果我们不知道有什么引力定律，那么我们本来会经过比较长的时间才能够发现光的速度，因为那样我们就不会知道从木星的卫星能够看出什么来。这一过程已经带来一场雪崩式的发现，每一种新的发现都提供了做出更多的发现的手段，而这正是直到如今的 400 年内这一场大雪崩的连续过程的开端，而我们至今仍然以高速继续着这场雪崩。

另一个问题接着出现了——各个行星不应当真正沿着椭圆轨道运行，因为根据牛顿定律，它们不仅受到太阳的吸引，而且也受到其他每一颗行星的一份微弱的拉动，那仅仅是一点点吸引，但那一点点也是起作用的，会使得行星的运行发生一点点变化。那时候已经知道有木星、土星和天王星这几颗大行星，能够计算出由于受到其他每一个行星的拉动而使它们的运行轨道比开普勒的理想椭圆行星轨道有多么微小的不同。在做完了一切计算和观察之后，看出来木星和土星的运行是符合计算结果的，但天王星的运行则有点不对头了。这是从牛顿定律发现未知的东西的又一次机会：但要鼓足勇气！有两个人，亚当斯和勒维尔[1]在

1　亚当斯（John Couch Adams，1819—1892），英国理论天文学家。勒维尔（Urbain Leverrie，1811—1877），法国天文学家。——原注

差不多完全相同的时间里，分别独立地进行了这些计算，并且提出天王星运行的不规则性是由于受到了一颗尚未看见的行星的影响。于是他们写信给他们各自熟知的天文台说："把你们的望远镜转过来，往那里看，你们就会发现一颗新的行星。"其中一座天文台回答说："真好笑，有个家伙坐在那里摆弄着铅笔和纸张，就以为他能够告诉我们在什么地方可以找到某个新的行星了。"而另一座天文台则做了不同的处理，他们就因此而发现了海王星！

更近一些，在20世纪初期，又看出了水星的运行不是那么完全对的。这就引起了一大堆麻烦，一直未能得到解释，直到爱因斯坦证明，牛顿的诸定律有一点不对头，必须对它们进行修改。

这里的问题是，牛顿定律的有效范围可以延伸得多远？它适用于太阳系之外吗？在图版1里我显示了万有引力定律适用于超出太阳系的更大尺度的证据。这里是一对叫作双星的一系列三幅照片。在照片上幸好有第三颗恒星，使得你可以看出那对双星真的是在旋转，而不是在天文观测照片上常常会发生的那样，仅仅是把照片的框子转过一个角度。这两颗恒星确实在绕着圈子运行，你可以在图5上看到它们形成的轨道。很明显，它们是在互相吸引，并且按照预期的方式，在一个椭圆轨道上运行。图上表示的是其沿着时针方向运行的不同时刻的各个接连的位置。如果还没有注意到其中一个细节的话，你看到这幅图会很高兴；但如果你注意到了，会发现轨道的中心并不处在椭圆的一个焦点之上，而是还有点偏离。是不是那些定律有麻烦了？不，上帝没有把这一轨道的正面摆给我们看；它倾斜了一个古怪的角度。如果你在一张纸上画好一个椭圆并且标出它的焦点，然后拿起这张纸，从一个特别的角度去看它的投影，你会发现原来那个焦点并不必位于投影图像的焦点处。这是因为轨道在空间中被倾斜了，使得它看起来是那个样子。

距离再远会怎么样？这是两颗恒星之间的力；它还能够适用于比

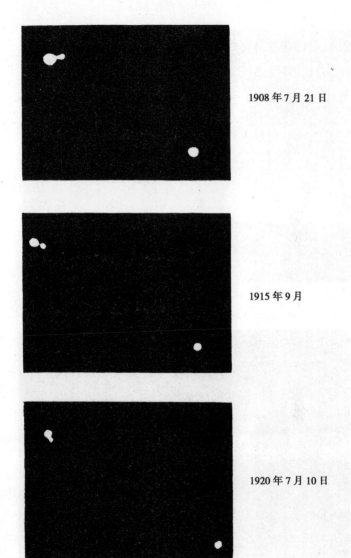

1908 年 7 月 21 日

1915 年 9 月

1920 年 7 月 10 日

图版 1　在不同的时间对同一个双星系统拍摄的 3 张照片

图版 2　一个球状星团

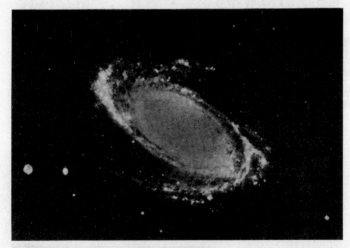

图版 3　一个螺旋星系

14

图版 4 一个星系团

图版 5 一个气体星云

1947年

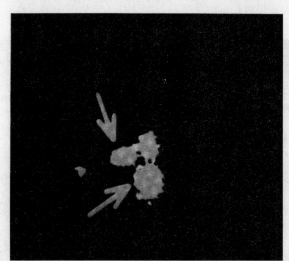

1954年

图版 6　新星创生的证据

16

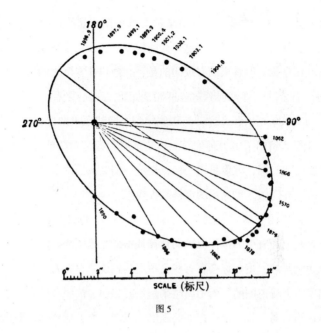

图 5

两三倍太阳系直径远得多的距离吗？在图版 2 上显示的是由许多恒星
聚集而成的一个球状星团，它的直径是太阳系的 100000 倍。那个大白
斑不是一个实心的白斑，它看起来那样是因为仪器的分辨率不够的缘
故，实际上应当有许多像其他恒星一样的非常非常细小的斑点，彼此
分得很开，互相并不碰击，每一颗恒星都在这个巨大的球状星系里做
贯穿式的或者往复式的运动。它是在天空中最美丽的东西之一；它同
海浪和日落一样美丽。物质的这种分布是完全清楚的。把这种星系维
系在一起的东西，就是各个恒星互相之间的引力。其中物质的分布和
距离的观念，使我们得以粗略地发现在这些恒星之间起作用的力的定
律……并且，得出的结果当然是，这种力大概遵从平方反比定律。这
些计算和测量的精确度无论如何也达不到像在太阳系里那么细致。

再往前走，引力还可以延伸到更远。那个星团仅仅是在图版 3 里的
那个大星系里的一个针尖似的小点。在这幅图版里显示出一个典型的星

17

系，并且也很清楚的是，它是由某种力维系在一起的，而它的唯一合理的候选者就是引力。当达到这么大的尺度时，我们没有办法去检验那条平方反比定律，但看来没有疑问的是，在数目非常巨大的这一大堆恒星中间，引力是一直延伸到这样的距离上的。这些星系的空间跨度有50000～100000光年那么远，而从地球到太阳的距离则仅仅是8光秒。在图版4里，给出了引力延伸得更远的证据。这是叫作星系团的东西，它们全都结成一团，就像星团一样；但这一回结成团的各个成员不是个别恒星而是在图版3里显示的那样的大宝贝。

到达这样的距离，大概是宇宙的十分之一，也许是百分之一的大小，这是我们拥有引力延伸得到的直接证据的最远距离。因而地球的引力是无边无际的，虽然你会在有些文章上读到说，存在着一些什么东西是超出了引力场范围的。当距离越来越远时，引力按照与距离的平方成反比地逐渐减弱，每一回你把力的强度除以四，你就达到两倍那么远的距离，直到它迷失在其他恒星的强大的引力场中。一颗恒星同它近邻的各个恒星一起，拉拢其他许多恒星以形成星系，然后它们团结在一起，再拉拢其他许多星系，形成了一种模式，即星系团——由星系组成的集团。因而地球的引力场永远也不会完结，但会按照一条精确而细致的定律逐渐消失，也许最终是在宇宙的边沿上。

引力定律与其他许多定律是不同的。它显然对于宇宙的经济收支和运转机制是十分重要的；只要涉及宇宙，引力就在许多地方具有它的实际应用。但是，显得不正常的是，比起物理学里其他一些定律来说，引力定律只有相当少的一些实际应用。这是我找到的一个不正常的例子。顺便说说，要找到任何一件东西，而它没有在某种意义上表现得不正常，那是做不到的。这就是世界的奇妙之处。我想得起来的引力定律知识的应用，只是在地球物理勘探、潮汐预报，以及近期更加现代化的，计算出我们送入轨道的人造卫星和行星探测器的运动等方面；最后，也是一种现代的应用，则是预测出各个行星位置，那些数据对于占星术士是非常有用的，他们要在有关刊物的星象图上发表他们的预言。我们生活在其中的世界真是一个奇怪的世界，在理解自然界上的种种新进展，只是用来延续那已经存在了 2000 年的胡言乱语。

我必须指出引力在宇宙的行为中真正起着某种效果的一些重要地方，而其中的一个有趣的效应就是新星的形成。图版 5 是在我们的银河系里的一个气体星云；它不是由许多颗恒星而只是由气体组成的。其中那些黑色的斑点是气体被压缩即由于自相吸引而收缩的地方。这种过程或许是由某种冲击波开始的，但我们看得到的只是它遗留下来的现象，引力把气体收拾得越来越缩紧，使得原先横冲直撞的气体和尘埃聚集起来并形成球状；当它们继续朝中心坠落的时候，由于坠落产生的热点着了它们，就成为发亮的恒星。在图版 6 里我们给出了新的恒星诞生的一些证据。

这就是当气体由于引力而高度集中的时候，怎么样产生新星的过程。有时候当恒星发生爆炸，喷出尘埃和气体，而那些尘埃和气体又重新聚集在一起，形成新的恒星——听起来就像一种永无完结的循环过程。

我已经讲到了引力延伸到很远的距离，但牛顿说过，任何东西都吸引着别的任何东西。两个物体真的彼此在吸引吗？我们能不能做出一个直接的试验，而不是仅仅坐等看到各个行星互相吸引呢？卡文迪许[1]使用你在图 6 中看见的那种设备来做这样的直接试验。他的想法是用一根非常非常细的石英纤维，悬起两端各装了一个小球的一根横杆，然后把两个大的铅球放到小球旁边的位置上，如图 6 所示。因为那些球体的吸引会使得纤维发生轻微的扭转，而在普通物体之间的引力确实是非常非常微弱的。卡文迪许说他的实验是"称量地球的重量"。今天

1　卡文迪许（Henry Cavendish，1731—1810），英国物理学家和化学家。——原注

受过了术语的精心教育，我们不会让我们的学生那么说了；我们应当说的是"称量地球的质量"。卡文迪许能够用一种直接的实验测量到力、两个物体的质量以及距离的大小，从而测定了引力常数 G。你会说，"是的，但我们在这里遇到同样的情况。我们知道拉力有多大，而且我们知道被拉的物体的质量，并且我们知道我们离开得多么远，但是我们既不知道地球的质量，也不知道引力常数，只知道这几个因素联合起来的效应。"通过测量引力常数，并且知道受到地球拉住的事实，就能够测定地球的质量。

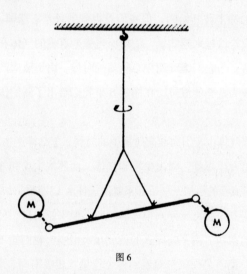

图 6

　　这一实验是对我们所处的球体有多重或者有多大质量的第一次间接的测量。发现这一点是一个惊人的成就，并且我想这就是卡文迪许把他的实验称为"称量地球的重量"，而不是"测定引力方程中的常数"的缘故。他还同时意想不到地称量了太阳以及任何别的东西，因为我们已经以同样的方式了解了太阳的拉力。

　　检验引力的另一种试验是十分有趣的，这就是引力是否精确地同质量成正比的问题。如果引力是精确地正比于质量的话，对于力的反应，

20

即由力所引起的运动速度的改变则是反比于质量的。那就意味着，在引力场中两个不同质量的物体将会以同样的方式改变它们的速度，或者说，在真空中两个不同的物体也将会以同样的方式下落到地面上。而与其质量的大小无关。都将以同样的方式下落到地面上，那就是伽利略在比萨斜塔上所做过的古老实验。举例说，它意味着，在一个人造卫星里面，一个处在内侧的物体环绕地球运行的轨道，就会与一个处在外侧的物体的轨道相同，于是看起来就飘浮在中间了。力精确地同质量成正比，以及对力的反应反比于质量这一事实，就会有这样非常有趣的结果。

它有多精确呢？一个叫作厄缶的人[1]在 1909 年做了一个实验来测定它的精度；而新近狄克[2]又做了精密得多的实验，测定其精度为一百亿分之一。引力是精确地同质量成正比的。怎么有可能达到这一精度的测量呢？假定你想要测量对太阳的拉力来说是不是这样。你知道太阳正在拉着我们大家，它也拉着地球，而假定你想要知道这种拉力是否精确地正比于惯性。首先使用檀香木来做实验；再用铅和铜，现在是用聚乙烯来做实验。地球环绕着太阳运行，因而地面上的各种物体都由于其惯性而被往外抛，并且它们被抛出的程度与两者的惯性成正比。但根据引力定律，它们又按照其质量的比例受到太阳的吸引，因而，假若它们被太阳吸引的程度不是同它们由于惯性而被抛出的程度成比例的话，其中一个物体就会被拉向太阳一点，另一个物体则被推开一点；于是，把这样的两个物体悬挂在另一台卡文迪许仪器的石英纤维上的横杆的两端上面，就会发生朝向太阳的扭转。它没有以这样的精确度发生扭转，因而我们知道太阳对两个物体的吸引是同离心效应即惯性精确地成比例的；因此，对一个物体的吸引力是精确地同它的惯性系数成比例的，换句话说，是同它的质量成比例的。

1　厄缶（Baron Roland Eötvös,1848—1919），匈牙利物理学家。——原注

2　狄克（Robert Henry Dicke），美国物理学家。——原注（狄克于 1916 年出生——译注）

有一件事是特别有意思的。反平方定律再一次出现——例如在电学定律里。电学里也施行着与距离平方成反比的力，这一次是在电荷之间的力，并且人们设想，也许距离的反平方会有某种深刻的意义。从来没有人能够成功地把电力和引力做成是同一个东西的两个不同方面。我们今天的物理学理论，物理学的定律，分成许多不同的分支和部门，它们并不能很好地协调一致。我们还没有那样的一个理论结构，从它能够推导出一切来；我们有的只是几个还不能够很好地完全协调一致的部门。那就是为什么在我的这些讲座中，我不能够告诉你们什么是物理学的定律，而只能谈论各种定律里共同的东西的原因；我们还不清楚那些定律之间有什么联系。但十分奇怪的是，有某些东西在两个不同部门里却是一样的。现在我们再来看看电学的定律。

电力反比于距离的平方而变化，但事情明显是不同的，那就是在电力和引力的强度上有极大的差别。要想从同一个理论推出电力和引力的人，会发现电力要比引力强很多很多，很难相信它们竟会有同样的来源。我怎么能够说一个东西比另一个东西强呢？这取决于你有多少电荷以及你有多少质量。你不能够光凭说"我取这么大的一块东西"来谈论引力有多强，因为那一块的大小是由你选择的。如果我们尝试获得自然界中产生的某种东西——她自己的一种不依赖于单位大小的纯数，完全不依赖于英寸或者年或者我们自己的尺寸——我们就能够以这种方式来讨论。如果我们取一种基本粒子，譬如电子——选择任何别的粒子会给出不同的数值，但为了给出一个概念我们还是选择电子——两个电子是两个基本粒子，它们由于带相同电荷而彼此按照距离的反平方相推斥，同时由于引力而彼此按照距离的反平方相吸引。

问题：引力对电力的比值等于多少？在图7里写出来了。吸引的引力对排斥的电力的比值给出了一个有42位尾巴的数字。好了，这里有一个非常深奥的谜团。这么大得不得了的一个数能够从哪里来呢？假若你真的有了一种理论，能够由此推出这些东西，它们怎么能够以这样一种不相称的形式出现呢？什么样的方程能够有这样的一个解，其中有两类吸引和排斥的力，其强度竟然有如此惊人的比例呢？

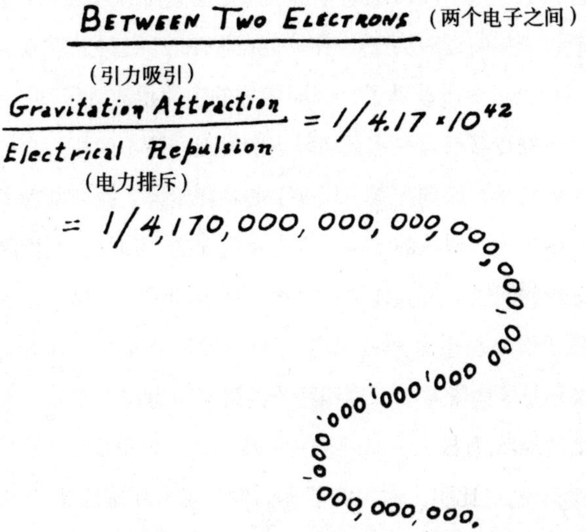

$$\underline{\text{BETWEEN TWO ELECTRONS}} \text{ （两个电子之间）}$$

（引力吸引）
$$\frac{Gravitation\ Attraction}{Electrical\ Repulsion} = 1/4.17 \times 10^{42}$$
（电力排斥）

$$= 1/4,170,000,000,000,000,000,\\000,000,\\000,000,\\000,000,000,$$

图 7

人们在其他一些地方已经看到过这样大的比值。例如，他们希望看到另外一个大的数目，而且如果你想要一个大数的话，为什么不取宇宙的直径比上质子的直径呢——令人吃惊不已的是，这个比值也是一个具有 42 位尾巴的数。于是有人提出了一个有趣的建议说，电力对引力强度的比值与宇宙对质子直径的比值是相同的。但是宇宙是随时间而膨胀的呀，那么就意味着引力常数是随时间而变化的，虽然那是一种可能性，但还没有证据表明那就是事实。存在着几种不完全的迹象，表示引力常数并不按照那种方式变化。于是，这一惊人的数目还是个谜。

在结束引力理论的时候，我必须再讲两件事。第一件是爱因斯坦要根据他的一些相对性原理来修改引力定律。这些原理中第一条是说，距

23

离"x"不能够即时越过，而牛顿的理论则说力是即时传递的。于是，爱因斯坦就必须修改牛顿诸定律了。这些对定律的改动，有一些非常微小的效应。其中之一是说，所有质量都因为受到引力而下落，光具有能量而能量等价于质量。因而也具有质量的光也会在引力场中下落，这就意味着光通过太阳附近时会产生偏折，正是如此。此外，在爱因斯坦的理论里，引力也被稍微改动了，因而相应的定律也改动了那么一点点，改动的大小刚好能够得出在水星运行当中发现的微小偏差。

最后要讲的是，谈到在微小尺度上的物理定律，我们发现了在微小尺度上物质的行为所遵从的定律与在大尺度上的事物是全然不同的。因而就有了这样的问题，怎么样看在微小尺度上的引力？那叫作引力的量子理论（量子引力理论）。今天还没有引力的量子理论。在建立一个与不确定关系和量子力学基本原理相融洽的量子引力理论方面，人们还没有获得完全的成功。

你会对我说："是的，你告诉了我们发生了一些什么事，但什么是引力呢？引力是从哪里来的呢？引力是什么？你告诉我的意思是不是说，一颗行星看着太阳，看它有多远，算出这段距离平方的倒数，然后决定依照那条定律来运行呢？"换句话说，虽然我陈述了那条数学定律，我还没有给出关于其中机制的任何提示。我将会在下一章"数学同物理学的关系"里讨论这样做的可能性。

在这次讲座里，我愿意在结束的时候强调，引力的某些本性与我们在讲演中提到的其他定律是共通的。首先，它是通过数学来表达的；其他定律也是以这种方式表达的。其次，它不是完全精确的；爱因斯坦要去改动它，而我们知道它还不是那么绝对正确的，因为我们仍然在建立它的量子理论。对我们所有的其他定律来说都是一样的——他们不是完全精确的。总是有一条神秘的边界，总是有一处我们仍然可以在那里瞎碰瞎闹的地方。这可能是也可能不是大自然的一种性质，但这一点肯定是我们今天晓得的所有定律的共同之处。也许这只是因为我们无知的缘故吧。

但给我们印象最深的事实是，引力是简单的，能够简单地把其中的原理全部陈述出来，而不留下可以让任何人改变定律的观念的任何模糊之处。它是简单的，因而它是美的。它的简单是在它的模式上。我不是说它的简单是在它的作用上——各个不同行星的运动以及一个行星对另一个的摄动，可以十分复杂以至于算不出来，而追踪在一个球状星团里的所有那些恒星在怎么样运动，则是远在我们能力之外的。在它的作用方面它是复杂的，但支配着整个事情的基本模式或者理论体系则是简单的。这是我们的所有定律的共同之处；它们原本都是简单的东西，尽管它们的实际作用却是复杂的。

最后谈到引力的普遍性以及引力延伸到如此遥远距离的事实。牛顿在他的脑子里关心的是太阳系，却能够预言在卡文迪许的一个实验里会得到什么结果；而卡文迪许的那个太阳系的小小模型，那个两个小球相互吸引的模型则延伸到一千亿倍，变成了太阳系。再放大一千亿倍，我们再次得到一些彼此精确地按照同一定律相互吸引的许多星系。大自然只用了一些最长的丝线来编织她的花样，使得在她的织物上的每一片段都体现了整块锦缎的组织原则。

第2章 数学同物理学的关系

在考虑数学的应用和物理学的时候，我们很自然地想到在复杂的情况下涉及大的数目时，数学就会有用。例如，在生物学里，病毒对细菌的作用是非数学化的。如果你在一台显微镜下面观察它，一个左摇右晃的病毒在那奇形怪状的细菌（它们有各种各样的形状）上找到了一个切入点，可能把它的 DNA 注入进去，也可能不注进去。如果我们做了千千万万次关于病毒和细菌的实验，那么我们就能够通过取平均来得到关于病毒的大量知识。我们在取平均时可以运用数学，看看病毒是否在细菌体内生长发育，产生了什么新变异以及以多大的百分比发生了变异；然后我们就能够研究遗传学，研究各种突变等现象了。

再举一个更加平凡的例子，设想有一块很大的板子，用来做下跳棋的棋盘。任何单独一步棋的实际操作都不是数学化的，或者说它在数学上是非常简单的。但你能想得到，在一块那么大的棋盘上，摆上了许多棋子，只有进行深刻的推理，才会分析出哪些是最佳的几着、好的几着或者坏的几着棋，这种推理里又包含了有人事先准备并且深思熟虑的结果。于是这就变得数学化，包括抽象的推理了。另一个例子是计算机里面的开关电路。如果你只有一个开关，无论它是开或者是关，这里没有什么特别数学化的地方，虽然数学家们喜欢从这里出发来展开他们的数学。但如果有许多个开关再加上连线的互相连接，要想象出这样一个巨大的系统会怎样动作，就确实需要数学了。

在讨论复杂情况的各个细节的现象，找出游戏的基本规则时，我喜欢立即说数学在物理学中有极大的应用。但是如果我仅仅谈到数学同物理学的关系的时候，我会把我的大部分时间用在谈论的东西。但由于这是关于物理定律的本性的一系列讲座的一部分，我不会有时间去讨论在复杂情况下发生了什么事，而是立即转到另一个话题，即那些基本定律的本性。

如果我们回到我们的跳棋比赛，其基本的定律是棋子走动的规则。数学可以应用到复杂的情况，想象出在给定的形势下，走哪一着棋是最好的。但对于那些基本定律的简单本性来说，只需要很少的数学。那些下棋的规则可以由棋友们用话语简单地说出来。

关于物理学的一件怪事是，我们仍然需要用数学来表达它的基本定律。我将会举出两个例子，在其中一个例子里我们的确不需要数学，而在另一个例子里则确实需要数学。第一，物理学里有一条定律叫作法拉第定律，它说的是在电解过程中淀积的材料的数量，正比于电流和通电的时间。那意味着淀积下来的材料的数量正比于通过系统的电荷。这听起来十分数学化，但实际发生的只是在导线里通过的电子，每一颗都携带着一份电荷。举一个特别的例子，可能每淀积一个原子需要一颗电子的传递，因而淀积的原子的数目就必定等于通过的电子的数目，从而正比于导线中流过的电荷。你们看，那条看起来像是用数学表达的定律，其实并没有什么高深的基础，并不需要什么真正的数学知识。我想，为了使每一个原子淀积下来需要有一个电子流过，这本身亦是数学，不过不是我正在这里谈论的那种数学。

第二个例子，拿牛顿的引力定律来说，我在上一次讲过了它的各个方面。我向你们给出过它的公式：

$$F = G\frac{mm'}{r^2}$$

只是使你们得到印象，看到运用一些数学符号能够多么快地传达信息。我说过力正比于两个物体质量的乘积，并且反比于它们之间距离的平方；而且物体对力的反应是改变它们的速度，即改变它们的运动，改变的快慢与力成正比且与它们的质量成反比。那些都是话语，对吧。我不一定要写出公式。但无论怎样它都是一种数学，而且我们总是为这怎么能够是一条基本定律而感到惊讶。行星在做些什么？它是不是注视着太阳，看看它离太阳有多远，然后在它内部的加法机械上计算出距离平方的倒数，这样来告诉它要怎么样运动呢？肯定不存在关于引力机制的解释！你会想看得更深入一些，而已经有些人试图看得更深入了。牛顿原先就受到过对他的理论的质问——"但它并不意味着什么——它没有告诉我们什么东西，"牛顿说，"它告诉你们它怎样运动。那就够了。我已经告诉你们它是怎样运动，而不是它为什么那样运动。"但是，人们常常因为找不到一种机制而感到不满意，而我则愿意在已经发明的种种理论当中，找一种你们会想要的那种类型的理论来讲解。这一理论提出引力效应是大数目的作用的结果，那就能够说明它为什么是数学化的。

假设世界上到处都存在着许许多多粒子，它们以极高的速率飞过我们身旁。它们均匀地从四面八方袭来，一般仅仅是在我们身边擦过，只是偶尔会击中我们的身体。我们和太阳对它们来说实际上都是透明的。我说的是实际上而不是完全的透明，因为有一些粒子是会撞击到我们或者太阳上面的。那么，看看会发生什么样的情况（图8）。

图中的S是太阳，E是地球。假如没有太阳在那里，粒子就会在各个方向上撞击地球，叮叮咚咚或者乒乒乓乓地击中的少数粒子，给地球以一些轻微的冲击。这不会令地球在任何特定的方向上摇摆，因为如果在一个方向上有这么多的粒子撞击，就会有同样多的粒子在相反的方向

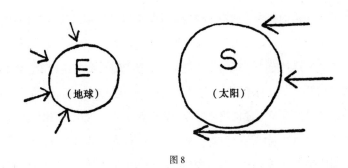

图 8

上撞击地球，例如地球顶部和底部受到的冲击是一样大的。然而，当有一个太阳在那里的时候，来自那个方向的粒子被太阳挡住了，因为那些击中太阳的粒子是不能够穿透太阳的。因而从太阳那边飞向地球的粒子由于遇到了太阳这个障碍，就会少于来自另一边的粒子的数目。容易看出，太阳离得越远，它所挡住的那部分粒子在从所有可能方向飞来的粒子中所占的比例就越小。太阳离得较远，看起来它就变小了——事实上是按照距离平方的反比而变小的。因此会有一种冲力作用到地球上，使它趋向太阳，这种冲力的大小是与距离的平方成反比的。而这种效应则是由于许许多多简单的动作，只是从所有方向上一次又一次地撞击而导致的结果。因此，那难以理解的数学关系就被这样大大地简化了，因为这里的基本动作要比计算距离平方的倒数简单得多。在这个方案里，那些粒子的反弹就这样执行了所需要的计算。

这一方案只有一个毛病，那就是由于别的一些理由，它是行不通的。你建立的每一种理论都要对它的所有结果进行分析，看看它还做出了一些什么样的预言。而这一方案的确做出了别的一些预言。如果地球在运动着，在它前面就会比后面受到更多粒子的撞击。（如果你在雨中跑步，从前面打到你脸上的雨点要比从背面打到你脑后的雨点多，因为你是在跑入雨幕之中。）那么，如果地球是在运动着，它就迎头碰着在前面朝着它奔来的那些粒子，同时逃离着在后面追赶着它的那些粒子。

因而从地球前面迎击它的粒子就要比从后面赶上的多，就会产生一种阻碍任何运动的力。这种力将会减缓地球在它的轨道上的运动，那样它就肯定不能够维持至少 30 亿到 40 亿年一直环绕着太阳的运行了。因此那种理论就垮台了。你会说，"好了，它是一个好理论，而我靠着它一时摆脱了神秘的数学。或许我能够发明出一种更好的理论。"你也许能行，但谁也不知道结局如何。但是，从牛顿那时候起直到今天，没有一个人能够为隐藏在这条定律后面的数学机制发明出另一种理论描述，而只是把同样一些东西重复一遍，或者把数学弄得更复杂，或者是预言出某些错误的现象。因此，今天除了引力定律的数学形式之外，没有什么试图解释引力机制的理论模型。

　　如果只有引力定律具有这样的本性，那就是一件颇为有趣的和令人不解的事。但每当我们研究得愈多，发现出愈多的定律，并且对自然界有愈深的了解，就愈明白这是真的。任何定律都免不了这样的毛病。我们的每一条定律都是一种纯粹的数学陈述，用的是相当复杂和深奥的数学。牛顿关于引力定律的陈述，只用到比较简单的数学。而当我们继续前进时，就要用到越来越深奥和越来越困难的数学。这是为什么？我一点也想不出来。我的唯一目的，就是在这里告诉你们这个事实。这一次讲演的要点，就只是强调这一事实：不可能向那些对数学缺乏某种深入理解的人以大家都能够感受到的方式忠实地说明自然定律之美。我很抱歉，但看来只能如此。

　　你们会说，"好吧，如果没有对定律的解释的话，那么至少要告诉我那条定律是什么吧。为什么不用话语而要用符号来告诉我呢？数学不过是一种语言，而我想要把这种语言转写过来"。事实上只要有耐心，我是做得到的，并且我想我已经在一定程度上做到了。我能够再讲得多一点，更仔细地说明公式的意义，譬如距离是原来的 2 倍，力就只有原来的四分之一，等等。我可以把所有的符号都转写成言语。换句话说，我能够更迁就那些外行的听众，让他们舒舒服服地坐在那里，指望我为他们说明什么东西。有不少人掌握怎么样对那些外行人使用外行的语言来说明这一类困难和深奥的问题的技巧，从而赢得了好教师或者好作家的美誉。外行的读者就一本一本地翻阅，希望他能够避开那些复杂的数学，但那些东西总是避不开的，即使是专门讲解科学的最好作品也是如此。那个读者发现，他读到的总是越来越多的混乱，一个接一个的复杂陈述，一件接一件的难懂事物，它们看起来完全没有相互的联系。问题变得模糊不清，而他则希望或许在某一本书里会有某种解释……那本书的作者差不多做到了——也许另一个家伙就要得到成功。

但我不认为那是有可能做得到的，因为数学不仅仅是另一种语言。数学是一种语言加上推理；它就好像是一种语言加上逻辑。数学是一种推理的工具。事实上它是一些人的精心思考和推理的结果的一种庞大集合。通过数学就有可能把一条陈述同另一条陈述联系起来。例如，我可以说引力是指向太阳的。我也可以告诉你，就像我已经做过的那样，行星在运行，那么如果我从太阳画一条线到那个行星，再在隔了某一段确定的时间，例如三个星期之后，行星所扫过的面积将会准确地等于下面三个星期、再下面三个星期的时间里扫过的面积，并且在它环绕太阳运行的每一个位置上都是如此。我可以仔细地说明上面两种陈述，但我不能够说明为什么这两种陈述说的是一回事。自然界表面上看起来的极大复杂性，以及它那每一条已经仔细地向你说明过的有趣的定律和规则，实际上都是十分紧密地交织在一起的。然而，如果你不能够欣赏数学，你就不能够从那些五花八门的事实中看出允许你从一件事实联系到另一件事实的逻辑。

也许你会觉得难以相信，我能够证明，如果力指向太阳的话，行星的矢径就会在相等的时间里扫过相等的面积。因而如果我做得到，我就来做这个证明，向你表明那两件事真是等价的，使你能够欣赏到比仅仅两条定律的陈述更多的东西。我将要证明那两条定律是有联系的，因而只凭推理就可以把你从一条定律带到另一条，而数学正是一种有组织的推理方法。于是，你就能够欣赏到那些陈述之间的关系之美。下面我来证明受力指向太阳同在相等时间里扫过相等面积这两条陈述之间的关系。

我们从一个太阳和一个行星开始（图9），并且我们设想在某一时刻行星处在位置1上。它是这样运动的，比方说，一秒之后它移动到了位置2。如果太阳没有对行星施加什么力，那么，根据伽利略的惯性原理，它会严格按照一条直线前进。因此，经过同一段时间间隔之后，下一秒它会准确地沿着同一条直线走过同样的距离，到达位置3。首先我们要证明的是，如果没有受力，在相等的时间里行星矢径会扫过相等的面积。我提醒你，三角形的面积等于高乘底的一半。如果那是一个钝角三角形 ABC（图10），它的高就是垂直线 AD 的长度，而底则是 BC。现在让我们来比较当太阳没有施加什么力的时候行星矢径所扫过的各块面积（图9）。

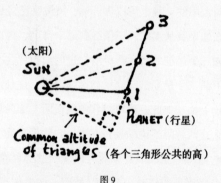

图9

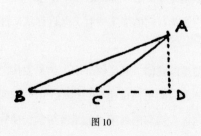

图10

32

记住，1—2 和 2—3 这两段距离是相等的。问题是，相应的两块面积也是相等的吗？先看由太阳 S 以及 1 和 2 这两点构成的这个三角形。它的面积有多大？这块面积等于它的底 1—2 的距离，乘以从 S 到基线的垂直高度的一半。另外那个相应的从 2 运动到 3 的三角形呢？它的面积等于底 2—3 的距离，乘以从 S 到基线的垂直高度的一半。这两个三角形有同样的高，并且，我已经说过了，它们有相等的底。一切都很好。假使没有来自太阳的力，在相等的时间内就会扫过相等的面积。但存在着从太阳来的力。在 1—2—3 这段时间间隔中，太阳拉着行星，并且在朝向自己变化着的方向上改变着行星的运动。为了做一个良好的近似，我们取中间的位置，或者说是平均位置 2，然后说在 1—2—3 这段时间间隔里，行星的运动在 2—S 上的方向上改变了某一数量（图 11）。

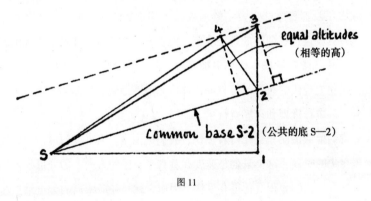

图 11

这就意味着，虽然行星是在线段 1—2 上运动着，并且会在不受力时在下一秒继续沿着同一条直线前进，但由于太阳的影响，使得它的运动改变了一个数量，即在平行于直线 2—S 的方向上被拨动了。因此，下一步的运动是行星本身想要做的运动，同由于受到太阳的作用而发生的改变相结合。因而行星并没有真的到达位置 3，而是落到了位置 4。现在我们要比较一下两个三角形 S23 和 S24 的面积，我将证明两者是相等的。它们具有相同的底 S—2。那么它们有相同的高吗？确实如此，因为它们都落在两条平行线中间。从点 4 到直线 S—2 的距离等于从点 3 到直线 S—2（的延长线）的距离。于是，三角形 S24 的面积就与三角形 S23 相等。我在前面证明了两个三角形 S12 和 S23 的面积是相等的，所以我们现在知道三角形 S12 的面积等于三角形 S24 的面积。那么，在行星的实际轨道运动中，第一秒所扫过的面积是与第二秒相等的。因此，通过上述的推理过程，我们看到了力朝向太阳和扫过的面积相等这两件事实的一种联系。这种论证不是很机灵吗？我这是直接从牛顿那里搬来的。所有这些论证包括插图，正是从他的《自然哲学之数学原理》，即简称为 *Principia* 的那本书里搬来的。唯一的差别只是在文字上，因为牛顿是用拉丁文写的，而我们这里用的是阿拉伯数字。

牛顿在他的书里是用几何方法来证明的。今天我们不再使用那种推理方法了。那种方法需要巧妙地画出一些正确的三角形，求出各块面积，并且要设计好证明的各个步骤。但在分析方法上已经有了很大的改进，这种方法要更快一些和更加有效。我想在这本书里展示的样子就是，运用更现代的数学记号方法，你什么都不必做，只需要写下一大堆符号，再进行推理和运算就行了。

我们要谈论面积变化得有多快，我们记为 $\dot{A}$。当半径扫过空间而使面积变化的时候，这个量就是速度在垂直于半径的方向上的分量乘上半径，它告诉我们面积变化得有多快。因而它就是径向距离的分量乘上速度，即距离的变化率。

$$\dot{A} = \frac{1}{2}\, r \times \frac{1}{2}\, \dot{r}$$

现在的问题是面积的变化率本身是否在变化。这里的原则是说，面积的变化率是不随时间而变的。于是我们对这个量再次微分，意思是运用一点小小的技巧，把一些小圆点加到适当的位置上，如此而已。你需要去学习那些技巧；它不外乎是一系列人们已经发现的对这样的东西非常有用的一套规则。我们写作：

$$\ddot{A} = \dot{\vec{r}} \times \dot{\vec{r}} + \vec{r} \times \ddot{\vec{r}} = \vec{r} \times \vec{F}/_m$$

式中第一项说的是取速度在垂直于速度的方向上的分量。它等于零；因为速度当然是同它自己的方向一致的。加速度就是二次微分，用 r 上面加两点表示，或者说是速度的微分，就等于力除以质量。

因此，这就是说，面积变化率的变化率同力在与半径垂直的方向上的分量成正比。但是，正如牛顿所说的那样，如果力是在半径方向，那么在与半径垂直的方向上就没有力，这就意味着面积的变化率是不改变的。

$$\vec{r} \times \vec{F}/_m = 0 \quad or \quad \ddot{A} = 0$$
（或者）

这仅仅是使用不同的一种记号方法来展示分析的威力。牛顿多少知道怎么样做到这一点，用的是稍微不同的符号；但他为了使当时的人们有可能读懂他的著作，就用几何的形式写下了一切。他发明了微积分，那就是我刚才显示的那种类型的数学。

这是数学同物理学的关系的一个很好的示范。当在物理学的问题上遇到困难的时候，我们常常求助于数学家，他们也许已经研究过这一类东西，并且准备好一条推理的思路让我们利用。也有另外一种情况，那就是在物理学家已经发明了我们自己的推理思路的时候，数学家可能还没有觉悟到，我们就会把它回报给数学家。每一个对于任何事物做了精心推理的人，都是对你所考虑的事情是怎么回事的知识的一项贡献，而如果你把这些知识整理提炼出来并且送到数学系去，他们就会当作数学的一个分支写进书本里去。因而，数学就是从一组陈述推演到另一组陈述的一种方法。数学明显是对物理学有用的，因为我们有这些可以用来谈论事物的不同方式，而数学允许我们推演结果，分析形势，以及以不同的方式修改定律，以便把不同的陈述联系起来。事实上物理学家知道的知识的总量是很少的。他只是要记住一些规则，使他能够从一处到达另一处；而他总是对的，那是因为所有关于在相等的时间里，力沿着半径方向等各种各样的陈述，都是能够通过推理而找到互相之间的联系的。

现在又有了一个有趣的问题。是不是有一个出发点来推出整个理论呢？在大自然里是不是有某种特殊的样式或者秩序，借此我们能够理解某一组陈述更为基本一些，而另一组陈述则更适宜看作是结果呢？有两种看待数学的方式，为了这次讲座的目的，我把它们称为巴比伦传统和希腊传统。在巴比伦的数学学校里，学生们通过做大量的例题，直到他们掌握普遍的规则来学习一些东西。他们也会知晓大量关于几何学的知识、关于圆的许多性质、毕达哥拉斯定理、立方体和圆的面积；此外还会在某种程度上学到用来从一件事情到另一件事情的论证方法。他们会运用一些数量的表格去解出复杂的方程。一切都是为了计算出结果。但希腊的欧几里得发现，有一种方法，可以从特别简单的一组公理出发，导出几何学的所有定理。巴比伦数学家的看法，或者我称为巴比伦风格的数学是，你知道了所有不同的数学定理和它们之间的许多联系，但你永远也不会完全认识到，这都是能够从一批公理推出来的。最现代的数学都是集中在一些公理上，以及在关于什么是可接受作为公理的和什么是不可接受作为公理的一个非常确定的约定的框架之内的论证之上。现代几何学采取某些类似于欧几里得几何的公理，经过改进以求完善，然后证明这个理论体系能够得出什么样的推论。例如，不要期望新几何学会让类似于毕达哥拉斯的定理具有公理的地位。（这条定理说的是一个直角三角形的两条直角边上的两个正方形的面积之和，等于斜边上的正方形的面积。）而另一方面，根据笛卡儿关于几何学的另一种观点，毕达哥拉斯定理则是一条公理。

因此，我们要接受的首要事情是，即使在数学里，你也可以从不同的地方出发。如果所有定理都是由推理互相联结在一起的，就没有真正的理由说"这些就是最基本的公理"，因为如果有人告诉你某种别的做法，你也能够进行别种途径的推理。这就正如一座桥梁，它是由非常多的组件构成的，并且它们之间做了许多超出必需数量的联结，那么如果失落了某一些构件，你就能够以另一种方式把它们重新联结起来。今天的数学传统是从选取了一些特殊观念并且把它们约定为公理开始的，然后再从那些公理建立起整个理论结构。我称为巴比伦派数学家的人则会说，"我正好知道这个，并且我正好知道那个，而且我也许知道那个；然后我就从那里做出所有东西来了。到了明天，也许我忘记了这种方法是行得通的了，但我记得另外有种方法是行得通的，于是我把它全部重新构造出来。我永远不十分肯定我应该从哪里开始，又应该在哪里结束。我只是时时刻刻都记得足够多的东西，以便在记忆消退或者其中一些部分失落之时，我每天都能够把那些东西重新拼接到一起"。

总是从一些公理开始的方法，在推导定理方面效率不是很高。要从在几何学里推出什么东西的时候，如果每一次都回到从几条公理出发的方法，那么你的效率不会很高。如果你记住了几何学里的几样东西，你总能够推演前进到别的地方，不过用别的方法效率要高得多。决定了哪一些是最好的公理之后，不一定就找到了在整个领域内进行推理的最佳方法。在物理学里我们需要巴比伦人的方法，而不是欧几里得或者希腊人的方法，我下面将会解释这是为什么。

欧几里得方法的问题是，把关于公理的某些东西看成是更有意义或者是更加重要。但是，例如，在引力的情况中我们要问的问题是：说力朝向太阳，或者说在相等时间里扫过相等的面积，哪一个说法更重要、更加基本，或者是一条更好的公理呢？从一种观点来看，关于力的陈述更好。如果我陈述的是力的性质，我就能够处理由许多粒子组成的系统，其中各个粒子的轨道不再是椭圆了，因为力的陈述告诉了我各个粒子之间是怎样互相拉动的。在这种情况下关于相等面积的定理不再适用。因此我想，应当把力的定理而不是把别的什么当作公理。然而，另一方面，等面积原理也可以推广成适用于由许多粒子组成的系统的另一条定理。这条定理说起来颇为麻烦，而且也不像原先关于等面积的陈述那样漂亮，但它也明显是从原先的定理衍生出来的。取一个由多个质点组成的系统，也许是由看作质点的木星、土星、太阳以及一大堆星星组成的一个体系，它们两两之间都有相互作用，并且离远看投影到一个平面上（图12）。各个质点分别沿着不同的方向运动，我们取任意一点做参考点，然后计算从这一点到每一个质点的半径扫过多大的面积。在这种计算中，加进了质量的因子；如果一个质点的质量是另一个的两倍，扫过的面积就要算两倍。因此我们计算的是质点扫过空间的面积再乘上与其质量成比例的因子，把这些乘积都加在一起，得到的总结果不随时间变化。这个总量叫作角动量，而这一规律叫作角动量守恒定律。守恒的意思正是它不随时间而变。

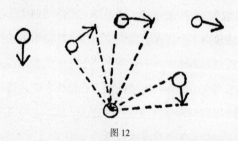

图12

这一定律的一个结果是这样的。设想有一大堆恒星坠落到一起，形成了一个星云或者星系。最初它们距离中心甚远，也即其半径很长，这时它们缓慢地移动，在单位时间内扫过一块小面积。当它们走近时，它们到中心的距离就会缩短，而当它们靠得很近时半径会变得很小；因而，为了在单位时间里扫过同样的面积，它们的运动必定要快得多。那么，你会看到当所有的恒星聚拢来的时候，它们越来越快地边摇晃边打旋，于是我们就能够大致理解螺旋状星云的形状了。我们也能够以同样的方式理解一名溜冰者的自转。他开始的时候把腿伸出去，缓慢地转动，然后他把腿收回，就能够快速地自转了。当腿伸出去时，它贡献了可观的每秒扫过的面积，而后当他收回他的腿时，他就必须飞快地自转，以产生同样数量的面积。但我不是为溜冰者做这番论证的，溜冰者用的是肌肉的力量，而引力则是一种不同的力。然而这条定律对溜冰者也是适用的。

现在我们有一个问题，我们能够从物理学的一个部门，例如引力定律，推导出一条原理，而这条原理的有效性又比推导本身要广泛得多。在数学里不会出现这种情况；数学定律不会出现在没有预料到的那些地方。换句话说，假如我们说物理学的公设是引力的等面积定律，于是我们就可以推出角动量守恒，但只是对引力问题有效。然而，我们从实验发现了，角动量守恒是一样意义广泛得多的东西。牛顿有其他一些公设，他可以由此推出更加普遍的角动量守恒定律。但牛顿的那些定律是错的。没有力，它就是一堆废话，质点没有轨道，如此等等。然而，这种类比，关于面积的原理同角动量守恒的精确转换仍然成立。在量子力学的原子运动里它亦成立，并且就我们所知，今天它依然精确地成立。我们有这些意义广泛的原理，从它们可以得出各种不同的定律，如果我们把推导过程看得太重要，并且觉得一条定律能够成立只是因为另一条定律成立，那么我们就难以理解物理学的各个不同分支之间的相互联系。有朝一日物理学完成了，我们掌握了所有的定律，那时候我们也许可能从某些公设开始，无疑有人会想出一种特别的方法，能够从这些公设出发推导出所有的其他东西来。但我们现在还不知道所有的定律，我们能够运用某些定律来猜出一些现在还证明不了的定理。为了理解物理学，人们总是要在逻辑上保持一种灵巧的平衡，并且在他们的脑子里总要记住所有不同的命题以及它们之间的相互关系，因为新的定律往往是在能够从它们推导出来的范围之外。如果所有定律都已知晓，这种做法就不再重要了。

另一件事，一件在数学同物理学的关系方面的有趣而十分奇怪的事，是你能够通过数学论证证明，有可能从许多个看起来不同的出发点开始，推导出同样的一个结果。那是很清楚的，如果你有了一些公理，你也可以从某些定理出发，但物理学的诸定律实际上是这样微妙地构造起来的，使得它们的一些等价的不同陈述，具有性质上不同的特征，这就使得它们变得非常有趣了。为了举例说明，我要以三种不同的方式来陈述引力定律，它们都是精确等价的，但听起来却截然不同。

第一种陈述是，在物体之间有按照我在前面向你们给出过的公式所描写的力：

$$F = G\frac{mm'}{r^2}$$

每一个物体，当它感受到作用于它上面的力时，就会产生加速，或者说以每秒改变一个确定数量的方式改变它的运动。这就是陈述这条我把它叫作牛顿定律的定律的正规方式。定律的这一种陈述说，力依赖于处在远距离之外的什么东西。它具有一种我们称为非定域的性质。作用到一个物体之上的力，取决于处在某种距离之外的另一个物体。

你也许不喜欢超距作用（action at a distance）的观念。这一个物体怎么会知道在一段距离之外发生了什么事呢？因而就有了陈述定律的另一种方式，它是一种十分奇怪的叫作场的方式。它难于说明白，但我想向你们讲讲它像什么的一种粗略的概念。它说的是一种完全不同的东西。在空间中的每一个点都有一个数（我知道它是一个数，而不是一种机制：那是物理学描写的一种麻烦，它必须用数学表达），并且当你从空间中的一处去到另一处时，那些数就会发生改变。如果有一个物体坐落在空间中的一点，它所受的力的方向沿着那个数变化得最剧烈的方向（我会给出它的通用名称——势，力的方向沿着势变化得最剧烈的方向）。此外，力的大小正比于当你在空间中移动的时候势变化得有多快。那是这种陈述的一部分，但还不够，因为我还没有告诉你怎么去确定势在空间中变化的规律。我会告诉你，势与到每一个物体的距离成反比，但那就回到了超距作用的概念了。你能够以另一种方式来陈述这条定律，在这种陈述里你不需要知道在一个小球之外的任何处所发生了什么事。如果你想知道在球体中心的势有多大，你只需要告诉我在球体表面上的势，不管这个球体多么小。你不必去观看外部，你只是告诉我在邻近有什么以及在球体里有多少质量。规则是这样的，球体中心的势等于球体表面上的势的平均值，减去一个我们已经在其他方程里见过的那个常数 G 除以球体半径（我们称之为 a）的 2 倍，然后再乘上球内的质量，如果球是足够小的话。

$$\text{Potential at centre} = \text{Av. pot. on ball} - \frac{G}{2a}(\text{mass inside})$$

中心的势 = 球面上的势的平均值 $-\dfrac{G}{2a}$（球内的质量）

你们看，这条定律是别开生面的，因为它讲的是，在一点上发生的情况，是由同它非常接近的区域上的情况决定的。牛顿定律告诉我们的是，一个时刻的情况是由另一时刻的情况决定的。它给出了怎么样从一瞬间求出另一瞬间的方法，但在空间上则是从一个地点跳跃到另一个地点。第二种陈述在时间上和在空间上都是定域的。因为它仅仅取决于近邻的情况。但这两种陈述在数学上是完全等价的。

还有另外一种完全不同的陈述这条定律的方式，不仅在哲学思想上而且在所涉及的定性概念上都是不同的。如果你不喜欢超距作用，我在上面已经证明了，你能够撇开它不用。现在我想要向你们介绍一种在哲学思想上截然相反的陈述。在这种陈述里，完全不必讨论物体是怎么样从一个地点去到另一个地点的；全部内容包含在一个总括性的陈述里，如下所示。当你有一定数目的质点，并且你想要知道其中一个质点怎么样从一个地点移动到另一个地点的话，你想象出一种可能的运动，它是由在一段给定的时间内从一个地点到另一个地点的移动得出来的（图 13）。

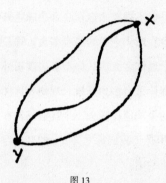

图 13

比方说质点要在 1 小时之内从 X 到 Y，而你想要知道它能够走什么样的路线。那么，你要做的事就是设想一些不同的曲线，然后对每一条曲线计算某一个量。（我不想在这里向你们讲明白这个量是什么，但对那些已经听说过下面这些名词的人，可以说在每一条曲线上的那个量是动能和势能之差的平均值。）如果你对一条路线算出了这个量，然后算另一条，你将会对每一条路线得到一个不同的数。其中有一条路线给出了可能的最小的数，而那就是质点在自然界中实际采取的路线！我们现在通过对全部曲线的一个什么量的计算来描述实际的运动，即椭圆。我们这样做的时候，已经失去了质点感受到拉力并且由于受力而使运动发生变化那样的一种因果性。代替那种因果性的是，质点以某种广博的方式嗅到了所有的曲线，所有的可能性，然后决定采取哪一条（选取我们的量最小的那一条）。

这是一个用广泛范围上的各种美丽方式描写自然的例子。当人们说自然界必定有因果性的时候，你就能够使用牛顿定律；或者他们说自然界必须用最小值原理陈述的时候，你就用刚才讲到的那种方式来谈论；或者如果他们坚持说自然界必须有一种定域场——好的，你也能够那样做。问题是：哪一样是正确的呢？如果这些不同的做法在数学上不是精确地等效，如果从某些做法会得出同另一些做法不同的结果，那么我们需要做的是进行实验，以找出自然界实际上选择的是哪一种做法。人们聚集到一起进行哲学争辩，论证他们喜欢某一种做法胜于另一种；但我们已经从大量经验得知，所有关于自然界是怎样运作的种种哲学直觉都是不成功的。我们要做的只是算出所有的可能性，并且尝试所有的选择。但在现在这一种特殊的情况下，我正在讲的几种理论方法都是精确地等价的。牛顿定律、定域场方法和最小值原理这三种不同的数学程式[1]，给出的都是精确的相同的结果。那么我们还有什么可做呢？你可以在所有的书籍里读到，在科学上我们不能够决定这一种方法优于另一种方法。那是对的。它们在科学上是等效的。不可能做出一个那样的决定，因为如果得出的结果都是一样的话，就没有实验方法能够把它们分出高下来。但在心理学上会觉得它们在两个方面是十分不同的。第一，你会在哲学上喜欢它们或者不喜欢它们，而只有靠学习才能克服那些弊病。第二，它们在心理学上是不同的，因为当你尝试去猜测新的定律时，它们是完全不等效的。

只要物理学尚未完成，只要我们仍然在尝试了解其他定律，那么那些不同的可能程式就会提供给我们一些关于在别的环境中会发生什么的线索。在那些情况下它们在心理学上不再是等价的了，当我们猜测在一种更广泛的形势下物理定律看起来会是什么样子的时候，它们会发挥不

1　"程式"（formulation），指理论程式，或者理论的"数学程式"（mathematical formulation）。有人用的"形式体系"的译法，不够确切和简练。——译注

同的作用。举一个例子，爱因斯坦认识到电信号不可能传播得比光速更快。他猜想那是一条普遍的原理。（这就正如你抽象出角动量的概念，并且把它从你已经证明的一个情况推广到宇宙间其余现象时所做的猜想游戏一样。）他猜想这条原理是普遍适用的，他还猜想对引力也是适用的。如果信号的传播无论如何也不能比光速快，就会弄明白，把力描写成即时起作用的方法是十分不妥的。因而，在爱因斯坦对引力理论的推广中，牛顿那种物理学描述的方法就变得完全过时和太过复杂了。与此同时，场的方法和最小值原理却显得简洁和单纯。我们还没有在这后面两种方法中分出个高下来。

事实上，后来又发现，这两种方法当中，哪一种都不能够以我刚才所陈述的方式被照搬到量子力学里去，但我们弄明白了，一种最小值原理存在的事实，又是在一个微小尺度上粒子遵从量子力学规律的事实的结果。按照我们现今的理解，最好的定律正是这两者的结合，其中我们用到最小值原理加上定域场的定律。现在我们相信物理学的定律需要既有定域的特征，又要有最小值原理，但我们并没有真正弄明白。如果你有一个理论结构，它仅仅是部分正确的，而其中有些东西要失效了，那么如果你写你的理论的时候，写出那些正确的公理，也许只有一条公理是错的而其余仍然可以保留，你就只需要改动那错了的一点东西。但是，如果你使用另外一套公理来写你的理论，就可能会因为它们都依赖于错了的那一点东西，而使它们完全垮台。我们不可能在缺乏直觉的情况下未卜先知，而直觉则是写出理论使得我们能够发现新情况的最佳方式。我们必须在我们的头脑里时时考虑怎么样看一件事物的所有种种不同的方式；因而物理学家们是在做巴比伦式的数学，而不太注意从一些固定的公理出发的精密推理。

自然界的一种惊人特征是可能的解释性方案的多样性。这正是因为那些定律是如此特殊和精巧的缘故。例如，反平方定律是一种允许变成定域描写的定律；如果是反立方定律的话就不可能那样做。在方程的另一头表示的，力同速度的变化率相关这一事实，就是允许以最小值原理的方式写出这些定律的依据。例如，如果力正比于位置而不是速度的变化率的话，你就不可能用那种方式写出定律。如果你对那些定律改动得太多，你就会发现你只能以较少的方式写出它们。我总是发现那样一种奥秘，而我不明白为什么物理学里正确的定律看来总能够以这么多的各种各样的方式来表达。这些定律看来总是能同时穿过几个入口似的。

我还要说说在数学同物理学的关系方面的几件更普遍一点的事。数学家们仅仅处理推理的结构，并不真正关心他们所谈论的是什么东西。他们甚至不需要知道他们所谈论的是什么东西，或者，像他们自己常说的那样，并不关心他们说的东西是否真正存在。我将要说明这一点。你陈述了一些公理，这样那样的东西是如此如此的，这样那样的东西是如此如此的。然后是什么呢？可以进行逻辑推理而不必知晓这样那样的词语是什么意思。如果关于公理的陈述是精心构成的，而且是足够完整的，做逻辑推理的人在以同一种语言推导新结论的时候，就不必掌握关于那些词语的实际意义的任何知识。如果我在一条公理里使用了三角形这一词语，那么在结论里就会出现一些关于三角形的结论，而在做推理的人也许并不知道三角形是一件什么东西。但是当我读到了他给我的结论时，然后回溯说，"你所讲的三角形，那就是一种三条边的什么东西，它是这样那样的"，于是我就知道了他推出来的新事实了。换句话说，如果你有了关于现实世界的一组公理的话，数学家们已经准备好了抽象的推理方法供你使用。但物理学家所说的一切词语都是有意义的。那是一件十分重要的事，许多从数学的道路踏入物理学的人都不懂得这一点。物理学不是数学，数学也不是物理学，两者是相辅相成的。但在物理学里你要理解词语同现实世界的联系。你最终必须把脑子里所想的东西转换为语言文字，转换为同现实世界的联系，以及你正在那里做实验时所用到的黄铜和玻璃等部件的联系。只有通过这种方式你才能发现你的结果是否正确。这是一个单凭数学完全无能为力去解决的问题。

当然，已经发展完善的数学推理方法，对物理学家来说明显是具有巨大的威力和用途的。另一方面，有时候物理学家的推理对数学家也是有用的。

数学家们喜欢把他们的推理做得尽可能的普遍。如果我对他们说，"我想要谈谈普通的三维空间，"他们会说，"如果你有一个 n 维空间，那么就有这些定理。""但我只想知道三维的情况，""好的，把 $n=3$ 代入进去！"结果表明，当运用到一种特殊情况时，数学家们的那些复杂定理中，有许多会变得简单得多。物理学家们总是对特殊情况感兴趣；他对普遍性的东西从来不感兴趣。他正在谈论某些东西；他不是在抽象地谈论任何东西。他想要讨论三维空间里的引力；他从来也不想讨论在 n 维空间里的任意力。因而需要一定程度上的简化，因为数学家的这些东西是为在一个广泛范围里的许多问题做准备的。这其实是十分有用的，并且后来总是轮到遇上了困难的物理学家回过头来对数学家说，"对不起，你上次要对我讲关于四维空间的问题……"

当你知道你正在谈论的是什么东西的时候，你用某些符号来代表力，用另一些符号代表质量、惯性，如此等等，那么你就能够运用一大堆普通常识，凭着本能来感受世界了。你已经看到了各种各样的事物，而且你多少知道了那些现象是怎么样发展下去的。但那些乏味的数学家们要把它转换为一些方程，并且由于那些符号对他说来并不意味着任何东西，他除了数学上的精确严格和论证中的小心谨慎之外别无良策。多少懂得了答案是怎样得来的物理学家，就能够挑选某种猜想，并且相当迅速地进行下去。具有高精密度的数学严格性，在物理学里不是十分有用的。但我们不应该为此批评数学家们。不必那样做正是因为，他们必须以那种方式做的一些东西对物理学是有用的。他们是在做他们自己的工作。如果你想要别的什么东西，那你就为你自己把它做出来吧。

下一个问题是，当我们试图猜测一条新定律的时候，我们是否应当运用本能感觉和哲学原理呢？例如："我不喜欢最小值原理"，或者"我就喜欢最小值原理"；"我不喜欢超距作用"，或者"我就喜欢超距作用"；等等。模型能够在多大程度上有帮助呢？有趣的是，模型确实经常很有帮助，而且大多数物理学教师尝试去讲授怎么样用一些模型去得到事情是怎样做出来的良好物理感觉。但是，结果表明，最伟大的一些发现往往是从某种模型抽象出来的，而那模型本身却一点也不对头。麦克斯韦发现电动力学，起先是在空间中有一大堆空想的齿轮和惰轮的模型上做出来的。但当你抛弃了空间中的所有那些惰轮等东西，电磁理论仍然成立。狄拉克[1]简单地通过猜出方程而发现了相对论性量子力学的正确定律。猜出方程的方法看来是比猜出新定律更加有效的方式。这一事实再次表明了数学是表达自然的一种深刻的方式，而想要把大自然用一些哲学原理来表达，或者用一些本能的机械式感觉来表达的任何尝试，都不是一种有效的方式。

有件事总是使我困惑不已，根据那些我们今天掌握了的定律，对于无论是多么小的空间区域，或者无论是多么小的时间间隔，原则上都可以运用一台计算机进行无限大数目的逻辑运算，从而构想出那里面发生了什么事。在那微小的空间区域里，我们怎么能够知道都发生了些什么呢？为什么应当用无限大数量的逻辑运算去构想出在一块微小的空间／时间区域里所发生的事呢？因而我时常做这样的假设，最终物理学也许不需要一种数学陈述，最后会揭示出那根本的机制，结果得出的定律会是简单的，就像在一张棋盘上看起来很复杂的棋赛，遵从的是简单的规则一样。但这一猜想的性质是和那些说"我就喜欢这样"，"我不喜欢那

1　狄拉克（Paul Dirac），英国物理学家，与薛定谔分享1933年的诺贝尔（物理学）奖。——原注（狄拉克的生卒年份为1902—1984。——译注）

样"的其他人一样的，而对这些事情做过多的预测是不明智的。

我想引用金斯[1]的一句话来做总结。他说，"伟大的造物主看来是一位数学家。"对那些不懂数学的人来说，的确难于使他们理解对大自然的美、那深层的美的一种真正的感觉。C.P. 斯诺[2]谈到有两种文化。我真的那么想，那两种文化将人们划分为两部分，一部分对数学有足够的理解经验，使得他们能够欣赏大自然之美，而另一部分则因为不懂数学而做不到。

不幸的是这里需要数学，而对某些人来说数学是困难的。有一个流传的故事（我不知道它是否当真），说的是当有一个国王试图向欧几里得学习几何学的时候，他抱怨几何学太困难了。而欧几里得则说，"没有通向几何学的王室道路。"[3]这里也没有王室道路那样的坦途。物理学家不能够把数学转换为另一种语言。如果你想学习自然界的情况，欣赏自然界之美，那就必须懂得她所说的语言。她只以一种形式提供她的信息；我们不会狂妄到要求大自然做出改变来迎合我们的意愿。

你们所能够做出的所有智力上的论证，都不可能讲给聋子的耳朵听，说音乐真的有多么美妙。同样，在世界上所有智力的论证，也不可能把对世界的理解传达给那些"另一种文化"的人。哲学家们或许会试图通过告诉你们关于自然界有些什么性质而教导你。我则尝试向你们描述自然界。但像哲学家那样是讲不清楚的，因为那是不可能的。或许那是因为他们的见识局限在某些人想象人类是处在宇宙中心那种方式中的缘故吧。

1　金斯（James Hopwood Jeans, 1877—1946），英国数学家、物理学家和天文学家。——译注

2　斯诺（Charles Percy Snow, 1905—1980），英国物理学家、文学家和社会活动家。1959 年发表演讲"两种文化和科学革命"引起巨大反响。他的文集《两种文化》已在国内出版了两种中译本。——译注

3　此处原文是"There is no royal road..."，直译是"没有……王室道路"；而这已经成为一句英语成语，意思是没有坦途或者捷径。——译注

第3章 伟大的守恒定律

在学习物理学诸定律的时候，你会发现有许多复杂的具体定律：引力定律、电磁定律、核作用定律，等等，但在这些具体定律的多样性之上，浮现出一些所有定律看来都要遵从的伟大的普遍原理。这些原理中的一些例子是一些守恒原理、某些对称性质、量子力学原理的一般形式，以及无论你喜欢还是不喜欢，正如我们在上次已经讲过的那些定律。所有的这些定律都是数学化的，在这次讲演里我想谈谈守恒原理。

物理学家以一种特定的方式来使用普通的词语。对他来说，守恒定律意味着有一个数，你能够计算出它在一个时刻的值，然后任由自然界进行各种各样的变化，如果你再计算出这个数在一个较晚的时刻的值，它将会与以前相同，这个数没有变化。一个例子是能量的守恒。有一个量你能够依据一定的规则去计算，而不论发生什么情况，总是得到同一个结果。

现在你可以看到，这样一个东西可能是很有用的。倘若我们把物理学，或者进而把大自然类比成是一场巨大的棋赛，棋盘上用到千万只棋子，而我们则试图发现那些棋子走动的规则。进行这场棋赛的伟大的神仙们出手非常快，使得我们跟也跟不上，看也看不清。然而，我们要弄清楚的只是下棋的某些规则，而的确有某些规则是我们不需要盯住每一着棋就能够发现的。例如，假定在棋盘上只有红方的一枚象，那么因为象是按对角线走动的，它就总也不会改变它所坐落的那个方块的颜色 [1]，如果在那些神仙下棋的时候我们有一会儿瞄着别处，然后再看回来，我们能够期望看到仍然有一枚红方的象在棋盘上，或许是在一个不同的位置上，但仍然是在同样颜色的方格上。这就是守恒定律的本性。要认识到这一点，我们丝毫也不需要对这种棋赛的什么东西达到深入的了解。

当然，在棋赛里这一特别的定律并不一定是完全有效的。如果我们看着别处有一段时间，那么可能那枚象被吃掉了，或者有一枚兵走过来靠近一枚后，而那位神仙决定宁可让一枚象而不是一枚兵占领那枚兵的位置，它也许就是一个黑色的方格。不幸的是，很可能我们今天看到的有些定律是不完全精确的，而我要告诉你们的是我们现在所看到的样子。

我说过，我们以一种技术性的方式来运用普通的词语，而在这一章的标题"伟大的守恒定律"里有"伟大"这个词。这不是一个技术性的词：它放在这里仅仅是为了使标题看起来更加醒目，而我也可以只把这一标题叫作"守恒定律"。有几条守恒定律不再普遍成立了；它们只是近似地正确，但有时候也是有用的，于是我们也许可以把它们称为"渺小"的守恒定律。我在下面会提到一两条那些不再普遍成立的守恒定律，但我正要讨论的那些主要的守恒定律，依我们今天的认识来说，乃是绝对精确的。

我愿意从一条最容易理解的守恒定律开始，那就是电荷守恒。在世界上有一个数，世界的总电荷，无论发生了什么事，它总是不变化的。如果你在一处地方失去了电荷，你就会在另一处找到它。守恒的是所有电荷的总量。这是由法拉第 [2] 通过实验发现的。这一实验是在一个大金属球壳里面做的，球壳外面接上一台灵巧的验电器，以便检测球壳上的

1　这里讲的棋赛指国际象棋，它的棋盘由两种颜色的小方格交错相间而成，棋子摆在方格当中，而不是像中国象棋那样摆在纵横线的交叉点上。——译注

2　法拉第（Michael Faraday, 1791—1867），英国物理学家。——原注

电荷，因为小量的电荷就能够在验电器上引起明显的反应。在球壳里面，法拉第装上各种各样的古怪的电学设备。他通过用猫的毛皮摩擦玻璃棒而产生电荷，并且他在这个球壳的内部做了一些巨大的静电仪器，使得这个球壳里面就像是那些恐怖电影的工作室似的。但在这些实验期间，在球壳表面上没有检测到电荷；没有产生净电荷。虽然玻璃棒在同猫的毛皮摩擦起电之后会带上正电，同时在毛皮上则带上等量的负电，而总的电量总是为零，因为如果在球壳的内部产生了任何净电荷的话，就会在球壳外部的验电器上看到反应。因而总电荷是守恒的。

这一结果是容易理解的，因为有一个非常简单的模型可以对此做出解释，而完全不必用到什么数学。假定世界仅仅由两种粒子组成，那就是电子和质子（曾经有一段时间，人们把世界就看得这么简单），并且假定电子带着一份负电荷而质子带着一份正电荷，因而我们能够区分这两种粒子。我们能够拿起一块物质，向它上面多加一些电子，或者取走一些电子；再假定电子是永恒不变的，它们绝不会蜕变或者消失——那是一条简单的命题，甚至并非数学化的——那么质子的总数减去电子的总数将不会改变。事实上在这个特定的模型里，质子的总数是不变的，电子的总数也是如此。但现在我们集中注意的是电荷。质子贡献正电荷而电子贡献负电荷，而如果这些粒子永远都不会创生也不会消灭，那么总的电荷就会保持不变。我要在讲演的过程中把讲到的一些守恒量的性质列成表，而我将从电荷开始（图 14）。对电荷是否守恒的问题，我在表里写出"是"。

这一理论上的解释十分简单，但后来发现电子和质子并不是永恒不变的。例如，一颗叫作中子的粒子能够蜕变为一颗质子和一颗电子——再加上某种我们下面将会讲到的东西。但中子又是电中性的。因而质子不是永恒不变的，电子也不是永恒不变的，因为它们都可以从一颗中子蜕变而生成，在这个过程中仍然可以计算电荷的得失；在这个过程开始

	Charge	Baryon No.	Strangeness	Energy	Angular Momentum
Conserved (locally)	Yes	Yes	Nearly	Yes	Yes
Comes in Units	Yes	Yes	Yes	No	Yes
Source of a field	Yes	?	?	Yes	

	电荷	重子数	奇异数	能量	角动量
守恒（定域性）	是	是	几乎是	是	是
以基本单元出现	是	是	是	否	是
一种场的源	是	?	?	是	

注：这个图表是费曼教授在讲演的过程中不断增添而逐步完成的。

图 14

的时候，我们有零电荷，而在过程结束的时候我们有一个正电荷和一个负电荷，把两者加到一起就变成零电荷了。

一个类似事实的例子是除了质子之外，存在着另一种带正电的粒子。它叫作正电子，一颗正电子是一颗电子的某种影像。它在许多方面都正如电子一样，除了它带有正电荷之外；此外，更加重要的是，它被叫作一种反粒子，因为当它遇到一颗电子时，两者会互相湮灭和蜕变，而剩下来的只有光。一颗电子加上一颗正电子正好产生出光。实际上这种光是肉眼看不见的；它是一种伽马射线；但对物理学家来说是一样的东西，只是波长不同罢了。因而一个粒子同一颗反粒子能够湮灭。光不带电荷，但我们拿掉了一个正电荷和一个负电荷，因而我们没有改变总电荷。电荷守恒的理论因此就变得有点复杂了，但仍然是非数学化的。你简单地把正电子的数目同质子的数目加在一起，再减去电子的数目就行了。但还有别的一些粒子是你需要去计数的，例如带负电的反质子，带正电的 π 正介子，等等；事实上在自然界中的每一种基本粒子都带有一份电荷（也可以是零电荷）。我们要做的就是把电荷的总数加起来，不论在任何反应中发生了变化，反应之前的电荷总量总是与反应之后的电荷总量相等的。

这是电荷守恒的一个方面。现在发生了一个有趣的问题，是不是仅仅说电荷守恒就够了，或者我们还要多说一些？假若电荷守恒是因为它是一些可以到处移动的真实的粒子，那它就会具有一种非常特别的性质。可以用两种方式来保持在一个盒子里的电荷的总量。可以说是电荷从盒子里的一个地方移动到另一个地方。而另有一种可能，就是电荷在某一个地方消失了，同时在另一个地方则出现了电荷，这两件事有即时的关联，这样就使得电荷的总量永远不会改变。守恒的第二种可能性是同第一种不同的，在这种形式里如果一个电荷在一处消失而同时在另一处冒出来，那就要有点什么东西在两个地方之间传送。电荷守恒的第二种形式叫作定域的电荷守恒，它的含义比单单说电荷的总量不变要深刻得多。那么你看到了，我们正在改进我们的定律，而如果它是对的，那么电荷就是定域守恒的。事实上它是对的。我已经再三再四地试图向你们说明某些推理的可能性，一种观念同另一种观念互相联系的可能性，并且我现在想要对你们描述一种原则上是出自爱因斯坦的论证。这种论证指出，如果有什么东西守恒的话，它必定是定域守恒的。我现在把它应用到是电荷的情况。这一论证依赖于一件事，如果有两个人，分别乘坐在两艘宇宙飞船里，那么当他们彼此相遇时，哪一个家伙是在运动、哪一个家伙是坐着不动的问题，是不能靠任何实验来判定的。那就叫作相对性原理，说的是匀速直线运动是相对的，我们能够以这一方或者那一方的观点去观察任何现象，而不能够说哪一个静止不动和哪一个是在运动着。

假定我有两艘宇宙飞船，A 和 B（图 15）。我先采取 A 是在 B 旁边走过的观点。记住那只是一种看法，你也可以按另一观点看，最后你也能看到同一种自然现象。现在假定那个静止不动的人想要论证是否在他的飞船一端看到一个电荷消失的同时，在另一端有一个电荷出现，为了确保这种同时性，他不能够坐在飞船的前面，因为由于光的传播需要时间，他就会先看到一个再看到另一个；因而我们假定他非常小心地坐在飞船中间的正中央。在另外一艘飞船上的那另一位也以同样的方式做观察。现在发生了一次闪电，在 x 点产生了电荷，与此同时在飞船的另一端电荷湮灭了，它消失了。注意，这两件事发生在同一时刻，完全符合我们关于电荷守恒的观念。如果我们在一处失去了一颗电子，我们就在别处得到另一个，但没有什么东西在这两个地点之间传送。让我们假定电荷消失时发出一次闪光，电荷创生时也发出一次闪光，使得我们能够看得到发生了什么事。静止的 B 说两件事发生在同一时刻，因为他知道他处在飞船的中央，而光从电荷产生所发出闪电的 x 处传到他那里的时间，与光从电荷消失所发出闪电的 y 处传到他那里的时间是相同的。因而 B 会说，"是的，当一个消失的时候，另一个就创生了"。但我们在另一艘飞船上的朋友看到了什么呢？他说，"不，我的朋友，你错了。我看到 x 处的闪光比 y 发生得早"。这是因为他正朝向 x 运动，因而从 x 处传来的光所走过的距离，要比从 y 处传来的光所走过的距离短，这也是因为他正在远离 y 的缘故。他会说，"不，电荷先在 x 处创生，然后再在 y 处消失，因而在 x 处创生之后到在 y 处消失之前，在这段短时间内我多得到了一些电荷。电荷并不守恒。那条定律被违反了"。但第一个人说，"是的，但你是在运动"。而第二个人则说，"你怎么知道我在运动？我以为是你在运动哩"。如此等等。如果我们不能够通过任何实验去区分我们是不是在运动时的物理定律有什么不同，那么如果电荷守恒定律不是定域性的，在绝对的意义上，就只有某一类人会看到它是成立的，这指的是静止不动的那个家伙。但是，根据爱因斯坦的相对性原理，这样的一种情况是不可能发生的，因此不可能有非定域的电荷守恒。电荷守恒的定域性同相对论是相容的，而后来明白了，所有的守恒定律都是如此。你可以见识到，如果有什么东西守恒的话，就一定能够运用同样的原理。

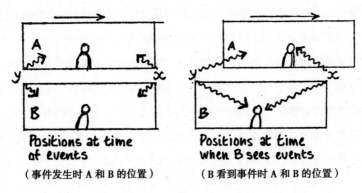

Positions at time of events

（事件发生时 A 和 B 的位置）

Positions at time when B sees events

（B 看到事件时 A 和 B 的位置）

图 15

关于电荷还有另外一件有趣的事，一件非常奇怪的事，我们今天还没有得到一种真正的解释。这件事与守恒定律完全无关，它是完全独立的另一件事，即电荷总是一种基本单元的倍数。当我们有一颗带电粒子，它会有一个电荷或者两个电荷，或者有负一个电荷、负二个电荷。回到我们的表，虽然这张表没有对电荷守恒说些什么，我必须写下守恒的那个东西是以基本单元出现的。它以基本单元出现非常好，因为这就使得电荷守恒的理论很容易理解。它正是我们可以计数的东西，它可以从一个地点到另一个地点。最后在技术上弄明白了，一件东西的总电荷是容易用电学的方法来测定的，因为电荷具有一种非常重要的特征：它是电场和磁场的源。电荷是一个带电物体同电场的相互作用的量度。因而我们应当在表上添加的是：电荷是一种场的源；换句话说，电的性质是同电荷相关的。于是，在这里守恒的那个特殊的量，具有两个同守恒的性质并不直接相关的，但仍然是很有趣的方面。其一是它是以基本单元出现的，其二是它是一种场的源。

有许多条守恒定律，我会给出与电荷守恒同一类型的更多一些的守恒定律，它们仅仅涉及计数即数出数目。有一条守恒定律叫作重子数守恒。一颗中子可以变成一颗质子。如果我们把每一颗中子和每一颗质子都算作一个叫作重子的单位，那么我们并没有损失重子。中子带有一个单位的重子荷，或者说代表一颗重子，一颗质子也代表一颗重子——我们所做的不过是计数和制造新名词——因而如果我正在讲的，一颗中子衰变到一颗质子、一颗电子和一颗反中微子的反应过程发生了的话，总重子数并没有改变。然而在自然界还有其他一些反应。一颗质子加上一颗质子可以产生为数众多的一些奇异的对象，例如一颗 λ、一颗质子和一颗 K 正介子。λ 和 K 正是这些特别的粒子的名称。

$$(easy)\ P+P \rightarrow \quad \lambda + P + K+$$

（容易发生）

我们知道，在这个反应中我们放进去了两颗重子，但我们只看到有一颗重子出来，因而有可能或者 λ 或者 K⁺ 带有一个重子荷。如果我们后来接着研究 λ 粒子，我们发现它非常缓慢地衰变为一颗质子和一颗 π 介子，最终那颗 π 介子又衰变成电子和其他东西。

$$(slow)\ \lambda \rightarrow P + \pi$$

（缓慢发生）

现在我们看到的是，重子重新出现在质子上，因而我们设想 λ 带重子荷 1，而 K^+ 不带重子荷，或者说 K^+ 的重子荷为零。

好了，在我们的关于守恒定律的表（图 14）里，我们在有了电荷之后，现在又有了与重子相关的类似情况，得出一条特殊的规则，重子的数目是质子的数目，加上中子的数目，加上 λ 的数目，减去反质子的数目，减去反中子的数目，如此等等；它只是一道计数式的命题。它是守恒的，它以基本单元出现，每一个人都通过类比设想它是一种场的源，虽然没有人知道是不是这样。我画出这些表的原因是我们正在试图猜出核相互作用的各条定律，而这乃是猜测自然界的快捷方法之一。如果电荷是一种场的源，而重子荷在其他一些方面起着同样的作用，那它也应当是一种场的源。可惜的是，直到现在还看不出这一点，它是有可能的，但尽我们所知尚未能肯定。

还有一两道这样的计数式命题，例如轻子数等，但在观念上是与重子一样的。然而，有一条是稍微有点不同的。在自然界的这些奇怪粒子特征的反应率当中，有一些反应非常快而容易发生，而另外一些反应则非常慢而难于发生。我不是在实际上做实验的技术意义上说快和慢。它指的是当粒子出现时发生反应的概率。对于我在上面提到的两类反应，有一种清楚的区分，例如一对质子的衰变[1]，以及缓慢得多的 λ 衰变。结果表明，如果你限于快速而容易发生的反应，就会发现有另一条计数式的守恒律，计算的方法是 λ 取负 1，K 正取正 1，而质子取作零。这个数叫作奇异数，或者叫作超子荷，并且它表现得在每一种快速反应中是守恒的，但在缓慢的反应中则不守恒。因而在我们的表（图 14）上，我们必须加上一条叫作奇异数守恒或者超子数守恒的守恒定律，它是一条近似成立的定律。这是很特别的；我们由此看到了为什么要把这个量称为奇异数了。在守恒方面它是近似成立的，而在它以基本单元出现的方面则是严格成立的。在尝试了解包括核力在内的强相互作用时，在强相互作用中这个"荷"守恒的事实，使人们提出说它也是与强相互作用相关的一种场的源，不过我们也不知道是否如此。我把这些事情向你们摆出来，是要向你们表明，怎么样能够用守恒律来猜想新的定律。

历史上曾经一次又一次地提出一些同样具有计数性质的其他守恒定律。例如，化学家们曾经以为，不管发生了什么事，钠原子的数目总是保持不变的。但钠原子不是永恒存在的。原子是有可能发生从一种元素到另一种元素嬗变的，结果使得原来的那种元素完全消失了。另一条一

1　原文如此。按原文前面写出的一道反应式，表示的是两颗质子由于相互碰撞而产生的一种反应，不适宜称为一种衰变。——译注

度被相信成立的定律，是一个物体的总质量总保持同样的数值。这就视乎你怎么样定义质量以及你怎么样处理质量同能量的关系了。质量守恒定律包含在我下面要讨论的能量守恒定律里。在所有的守恒定律中，能量的处理是最困难和抽象的，但也是最有用的。它比我至今向你们讲过的那些定律都更困难，因为在电荷以及其他的情况里，其机制是清楚的，或多或少都是某种物体的守恒。这次就绝对不是那种情况了，因为我们从旧的东西得出新的东西的方式是不同的，但它确实只是简单地计数那么一回事。

能量守恒更加困难一点，因为这一次我们有一个不随时间变化的数，但这个数不代表任何特定的东西。我想用一个简朴的类比来对它做一点说明。

我想要你设想一位母亲有一个孩子，这位母亲把孩子单独留在一间房间里，并且给了他28块绝对不可能毁坏的积木。那个孩子成天玩着那些积木，然后当母亲回来的时候，她发现房间里确实有28块积木；她就检查出，积木的数目是在所有时间里一直守恒的。这样过了几天，然后有一天，当她回来的时候只有27块积木了。然而，她发现在窗外有一块积木，那是小孩把它扔出去的。那么，你在评价守恒定律是否成立的时候，你必须盯住你要检验的那些东西不会越墙而去。同样的事情也会以其他的方式出现，如果有一个男孩来同这个孩子玩，并且带了一些积木进来的话。当你谈论守恒定律的时候，你显然要考虑到这些事情。假定有一天，母亲回来数积木块的时候，发现只有25块了，但她疑心那个孩子把另外三块积木藏在一个小的玩具盒里面了。于是她说，"我要打开这个盒子"。而他说，"不，你不能打开盒子"。这位非常聪明的母亲会说，"我知道这个盒子空的时候质量为16盎司（1盎司=28.35克，全书同），而每一块积木质量为3盎司，因而我要做的事是去称量这个盒子"。她把积木块的总数加起来，就会得出公式：

58

$$\text{No. of blocks seen} + \frac{\text{Weight of box} - 16\,oz.}{3\,oz.}$$

$$\text{看到积木块的数目} + \frac{\text{盒子的质量} - 16\text{盎司}}{3\text{盎司}}$$

结果重新得到 28。这种做法在一段日子里是成功的，然后有一天检查出来的总数又不对头了。然而，她注意到污水槽的水平面升高了。她晓得当水槽里没有积木的时候其水深是 6 英寸，而在水中有一块积木的时候会升高 1/4 英寸，于是她在她的公式里再加上一项，现在她有了一道新的公式：

$$\text{No. of blocks seen} + \frac{\text{Weight of box} - 16\,oz.}{3\,oz.} + \frac{\text{Ht. of Water} - 6\,in.}{\frac{1}{4}\,in.}$$

$$\text{看到积木块的数目} + \frac{\text{盒子的质量} - 16\text{盎司}}{3\text{盎司}} + \frac{\text{水面高度} - 6\text{英寸}}{1/4\text{英寸}}$$

并且加起来的结果再次得到 28。当那个孩子魔高一尺的时候，那位妈妈就道高一丈，在她的公式里添加更多的一项又一项，其中每一项都代表的是积木块，但从数学的立场看那是一些抽象的运算，因为在后面那些项里并没有出现积木。

现在我做出我的类比，并且告诉你们在这个比喻和能量守恒之间，哪一些是共同的，哪一些是不同的。首先假定在一切的情况下你都没有看见过任何积木块。根本没有"看到积木块的数目"那一项。那么，那位母亲就总是在计算诸如"盒子里的积木"，"水槽里的积木"等许多项。对能量来说有一点差别，就我们所知而言，在能量的情况下根本没有什么一块一块的积木。而且，与积木的情况不同，对能量来说那些数值并不是以整数出现的。我要假定那位可怜的母亲也许会计算出有一项的结果是 $6\frac{1}{8}$ 块积木，算出另一项的结果是 $\frac{7}{8}$ 块，还有一项是 21 块，加起来仍然是 28。那就是能量的数值看起来的样子。

我们关于能量已经发现了的是，我们有了由一系列规则构成的一个方案。从每一组不同的规则，我们能够为每一不同种类的能量计算出一个数值。当我们把来自所有不同形式的能量的这些数统统加起来，它总是给出同样的总数。但至今我们不知道能量有什么真实的基本单元，不知道有什么作为能量基元的微小滚珠。它是抽象的，纯粹数学化的，有这样的一个数，无论什么时候你计算它，它都是不改变的。我不能够把它解释得比这更明白了。

能量具有各种类型的不同形式，就像上面说的盒子里的积木，水槽里的积木等一样。有由运动产生的叫作动能的能量，由引力作用产生的能量（它被称为引力势能），热能，电能，光能，在弹簧等物体中的弹性势能，化学能，核能等，还有一种一颗粒子仅仅由于其存在就具有的能量，一种直接取决于其质量的能量。这最后一种能量是爱因斯坦的贡献，你们肯定都知道。$E=mc^2$ 就是我正在谈论的定律的著名方程。

虽然我已经提到了许多形式的能量，我还想要说明一下，我们并不是对能量完全无知，我们确实了解到其中一些能量形式同其他能量形式的关系。例如，我们叫作热能的，在很大的程度上不过是物体内部的各个粒子的动能。弹性势能和化学能具有同一来源，它们都来源于原子间的作用力。当那些原子以一种新的方式重新安排它们的状态时，就有一些能量改变了；如果那个量改变了，就意味着某个其他的量亦发生了改变。例如，如果你烧掉什么东西，化学能就改变了，然后你就会发现在你原来不觉得热的地方发热了，因为所有的能量都要加起来保持守恒。弹性势能和化学能都是原子之间的相互作用，而我们现在知道这些相互作用是两种东西的结合，其一是电能，而其二又是动能，不过这一回它要采用量子力学的公式了。光能只不过是电磁能的一种形式，因为现在已经把光解释为一种电磁波。核能不能够用其他的能量表示；眼下除了说它是核力的结果之外，我不能够再说什么。我在这里还没有谈到能量的释放。在轴核里有相当数量的能量，当它蜕变的时候那部分能量仍然存在于核变化的产物中，但世界上的总能量是不变的，因此在那种过程中产生了大量的热和其他东西，以保持能量的平衡。

这条守恒定律在许多技术领域里是很有用的。我将给你举一些非常简单的例子，以表明我们掌握了能量守恒定律和计算能量的公式，就能够怎么样理解其他一些定律。换言之，许多其他的定律不是互相独立的，而只是以某种隐蔽的方式去表达能量的守恒。最简单的例子是杠杆定律（图16）。

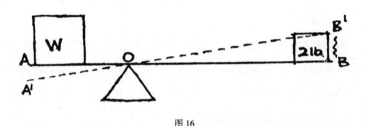

图16

我们有一根架在一个枢轴上的杠杆。它的一臂的长度是1英尺，另一臂长4英尺。首先我们必须给出引力能的定律，在现在的情况下它就是重力势能；如果你有几个重物，你把每一个物体的重量乘以它离地面的高度，然后对所有重物加起来，那就给出了重力势能的总量。假定我在长臂上有一个2磅（1磅=0.45千克，全书同）的重物，而有一个未知的神秘重物在另一臂上——人们总是用X来代表未知数，因而让我们叫它作W，以显得与众不同！现在的问题是，W必须要有多重才会使得它正好达到平衡，从而了无阻碍地轻轻来回摇摆呢？如果它轻轻地来回摇摆，那就意味着能量同杠杆平衡得平行于地面时，或者倾斜得使那个2磅的重物离地面翘起，比方说1英寸时是一样的。如果能量相同，那它就随便处在什么位置上也是一样的，并且也不会翻倒。如果2

61

磅的重物向上翘起了 1 英寸，那么重物 W 会下坠多少呢？从图中你可以见到（图 16）[1]，如果 AO 长 1 英尺，OB 长 4 英尺，那么当 BB' 为 1 英寸时，AA' 将会是 1/4 英寸。现在运用重力势能的定律。在发生任何事情之前，两边重物的高度都是零，因而总能量是零。为了算出在发生了移动之后的引力势能，我们把 2 磅的重量乘以 1 英寸的高度，再把它加上未知的重物 W 乘以它的高度（－1/4 英寸）。所得的和数必定与先前一样——能量为零。因而有：

$$2 - \frac{W}{4} = 0, \text{ so } W \text{ must be } 8$$

（因而 W 必定是 8）

这是我们用来理解那条浅显的定律的一种方式，你当然早就知道那条杠杆定律了。但有趣的是，不仅这条定律，而且有成百条其他物理学定律都能够紧密地同能量的各种形式相联系。我向你们讲到这个例子，仅仅是为了显示出能量守恒是多么的有用。

当然，唯一的困难是，因为在杠杆的支点处存在着摩擦，所以这条定律实际上并不真的那么准确。如果我们有某个物体在运动，譬如说有一个球沿着一条恒定高度的路径滚动，那么它就会由于摩擦而停下来。球的动能到哪里去了？答案是球运动的能量转移为地板上和球的表面上的原子来回摇晃所需的能量。我们在一个大尺度上的世界上，看到的好像是一个磨光了的漂亮圆球，但实际上在一个小尺度上看起来，它是十分复杂的；有千千万万个微小的原子，具有各种各样的形状。当足够细致地观察时，它就像一块非常粗糙的卵石，因为它是由这些小球组成的。地板也一样，它是由许多小球组成的一种坑坑注注的东西。当你在放大了的地板上滚动这个庞大的卵石时，你能够看到那些微小的原子被

---

1 原文误作"图 3"。——译注

不断地推来挤去地摇晃。当那个大家伙滚过去之后，那些留在后面的原子由于受到过推挤而仍然在轻微摆动；因而在地板上遗留着一种摇晃的运动，或者说是热能。初看起来似乎是守恒定律不再成立，但能量有一种躲藏着我们的趋势，使得我们需要温度计和别的仪器来确定它依然在那里。我们发现，不论过程多么复杂，能量都是守恒的，即使我们还不清楚其中的具体定律。

能量守恒定律的第一次演示，不是由一名物理学家，而是由一名医学家做的。他是用小老鼠做这种演示的。如果你点火把食物烧掉，你能够测定出产生了多少热量。然后如果你把同一数量的食物喂给小鼠吃，食物中的碳就结合空气中的氧变成二氧化碳，同燃烧的过程是一样的。当你测定了这两种情况中的能量产出，你就会发现生物和非生物做的都是完全一样的事情。能量守恒定律在生命现象同在其他现象里一样是成立的。顺便说说，有趣的是，我们从无生命现象中了解到的每一条定律或者原理，都可以放到伟大的生命现象上去测试，结果证明都是很好成立的。虽然生物比非生物复杂得多，但就我们从非生命界求得的物理学定律而言，还没有什么证据表明其必定不能够用到生物界中去。

在食物中的能量的数量，会告诉你它能产生多少热和机械功等的数量，它是以卡路里来量度的。当你听到卡路里的时候，并不是说你吃下了叫作卡路里的什么东西，它只是在食物里所含的热能数量的量度。物理学家们有时候觉得高人一头而沾沾自喜，而其他人则总想在某些方面抓住他们的把柄。我会给你们一样东西让他们出丑。他们应当为他们在能量的量度上使用了这么多的不同方式和不同名称而感到十分羞愧。你看有多可笑，能量的单位可以取卡路里、尔格、电子伏特、尺磅、BTU（英国热量单位）、马力小时、千瓦小时，等等，它们量度的完全是同一样东西。那就正如我们有美元、英镑等不同的货币一样；但与经济领域不同的是，货币的汇率是可以变化的，而这些呆板的东西之间的比率是有绝对保证的。如果有什么真正相似的话，它就像英国币制里的先令和英镑——总是 20 先令兑一英镑。但物理学家容许有一种复杂性，不是用像 20 那样的一个数，而是用像 1.6183178…那样的一个无理数，来作为先令对英镑的比率。你也许会设想，至少最现代的高级理论物理学家们该会使用一种公共的单位了吧，但你翻翻文章就可以看到，有用开尔文来量度能量的，还有用兆周以及现在用反费米那样的最新发明[1]的。如果想要得到物理学家也是凡人的证据的话，那么物理学家使用那么多的不同单位来量度能量这种愚蠢的行为，就是一个明证。

在自然界有好些有趣的现象，向我们展示了关于能量的一些稀奇古怪的问题。新近发现了一种叫作类星体的东西，它们离我们非常远，并且以光和无线电波的形式辐射出那么多的能量，我们不禁要问，它从哪里得来这些能量呢？如果能量守恒是对的话，类星体辐射出了如此巨额的能量之后，它的状况必定与辐射之前不同。问题是，那些能量是来自引力能吗——是不是那个东西在一种不同的引力条件之下，发生了引力坍缩？谁也不知道。你也许会提出说，能量守恒定律是不对的。好了，当一样东西像类星体那样还没有被研究透彻（类星体遥远到天文学家不容易观察它们），那么如果这样一个东西似乎同一些基本定律抵触的话，极不可能的是那些基本定律错了，通常正是由于对那些东西的细节还不清楚的缘故。

另一个关于能量守恒定律的应用的有趣例子是一颗中子蜕变为一颗质子、一颗电子和一颗反中微子的反应。起先人们设想的是一颗中子转变为一颗质子加上一颗电子。但衰变前后所有粒子的能量都是可以测量的，而一颗质子和一颗电子的能量加起来达不到中子的能量。存在着两

种可能性。可能是能量守恒定律不成立了；事实上玻尔[1]一度提出，或许能量守恒定律只是在统计意义上成立，即只对平均值成立。但后来的结果表明，另一种可能性才是对的，能量收支不平衡是因为有一样别的什么东西跑掉了，那就是我们现在称为一颗反中微子的东西。反中微子把能量带走了。你会说，反中微子不过是为了保持能量守恒而设想出来的东西。但它还使得其他许多事情正确无误，例如动量守恒定律和其他一些守恒定律，并且新近已经直接证实了，这样的中微子是确实存在的。

这个例子说明了一点，我们怎么样有可能把我们的定律推广到我们尚未清楚明白的领域呢？为什么因为我们在这里检查过能量守恒是对的，我们就总是那么有信心在遇到一种新的现象时能够说要满足能量守恒定律呢？每每你会偶尔在文章里读到，物理学家发现了他们所喜爱的定律之一是错误的，那么把一条定律的正确性推广到你还没有来得及看清楚的领域，是不是犯了错误呢？如果你永远也不说一条定律在你还没有看清楚的领域是对的，那你就不会知道什么新的东西。如果你发现的那些定律仅仅是在你已经完成观察的领域之内，那么你永远也不能做出新的预言。而科学的唯一用处，就是在不断进步的过程中尝试做出新的猜想。因而我们总要去做的事，乃是不顾一切往前进。至于说到能量，最可能的事情就是它在别的地方也是守恒的。

当然这意味着科学不总是确定的；当你对一个你未曾直接体验过的领域提出主张的时候，你必定是不确定的。但是我们总是必须对我们还没有仔细考察过的领域提出设想，不然整个事情就一筹莫展了。例如，一个物体的质量在它运动的时候发生变化，这是因为能量守恒的缘故。由于质量与能量的关系，和运动相联系的那部分能量表现得像一份

1　玻尔（Niels Bohr），丹麦物理学家——原注（玻尔的生卒年份为 1885—1962。——译注）

额外的质量，因而物体在它们运动时就会变重。牛顿相信的不是这种情况，他相信物体的质量是保持恒定不变的。当发现了牛顿的观念错了的时候，每一个人都禁不住说物理学家发现了他们过去错了，这是多么可怕的一件事啊。为什么那些物理学家过去以为他们是对的呢？新发现的修正效应一般是很小的，并且只在你接近光速时才表现出来。如果你转动一只陀螺，它的重量与你没有转动它的时候是一样的，其差别是非常非常小而觉察不到的。那么他们是否应当说，"如果你运动得不那么快，如此等等，那么质量不就没有变化了吗？"那样看来就是如此了。不，因为如果做过了的实验，只限于用木制的、铜制的和钢制的陀螺，那么他们本来应当说的是，"木制的、铜制的和钢制的陀螺，当它们的运动不比什么什么快的时候会怎么样怎么样……"你看，我们不知道在一个实验里我们所需要知道的所有条件，并不知道一个辐射性的陀螺是否具有一种守恒的质量。因而，我们为了发挥科学的一点点用处，就要提出猜想。为了避免简单地描述已经做过的那些实验，我们要在它们观察到的范围之外提出定律。这样做一点也没有错，尽管那样做事实上会使得科学变得不确定。如果你先前想象科学是完全确定的，噢，那只是你那方面的一个失误。

话说回来，在我们关于守恒定律的表中（图14），我们要加上能量。就我们所知，它是绝对守恒的。它不是以基本单元出现的。现在的问题是，它是不是一种场的源？答案是肯定的。爱因斯坦了解到引力是由质量产生的。能量和质量是等效的，因而牛顿关于质量是产生引力的源的解释，已经被修改为能量产生引力这一陈述。

还有其他一些类似于能量守恒的定律，这是在它们都是一些数量的意义上说的。其中之一是动量。如果你取一件物体的所有质量，各自乘以它们的速度，再把这些乘积加在一起，得到的总数就是这些粒子的动量；而动量的总量是守恒的。现在了解到能量和动量关系非常密切，所以我把它们放在我们的表上的同一行里。

　　守恒量的另一个例子是角动量，我们已经在前面讨论过这个量了。角动量是物体运动时每秒扫过的面积。例如，如果我们有一个运动着的物体，并且我们取不论在什么地点的一个中心，那么将从中心连到物体的一条直线扫过面积（图17）不断增加的速率，乘以物体的质量，再对所有物体加起来就叫作角动量。而这个量是不变化的。

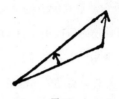

图 17

　　如果你知晓了很多物理学，初看起来你也许会认为角动量是不守恒的。像能量一样，它是以一些不同的形式出现的。虽然大多数人以为它仅仅出现在运动中，但它确实也以其他一些形式出现，我下面来说明这一点。如果你有一根平放着的环形导线，把一条磁铁自下而上地插进去，那么当磁场增加的时候，穿过导线的磁通量随着增加，导线上就会有电流通过——这就是发电机工作的原理。现在设想我们有的不是一条导线而是一个金属圆盘，而金属内部也像导线里面的电子一样有许多电荷（图18）。

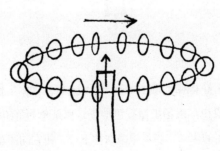

图 18

现在我们拿着一条磁铁从远处沿着圆盘的轴线，对准它的中心快速地自下而上地捅过去，因而现在就有磁通量的变化了。那么，像在导线中的情况一样，电荷开始在圆盘里做环状流动，而且如果圆盘是架在一个转轮上的话，在我插进磁铁的时候它就会自转起来。那看起来不像是角动量守恒，因为当磁铁起初离圆盘很远的时候，没有什么东西在转动，而当它们接近到一起的时候圆盘就发生了自转。我们不曾去转动过什么东西，因此这是违反角动量守恒法则的。你会说，"噢，是的，我知道，必定有某种相互作用使磁铁按相反的方向自转。"事实并非如此。磁铁没有受到使它倾向于朝相反方向拧转的电力。这里的解释是，角动量是以两种形式出现的：一种是运动的角动量，另一种是电场和磁场中的角动量。在磁铁周围的磁场中有角动量，虽然它并不表现为运动，它的符号是同圆盘自转的角动量相反的。如果我们显示那相反的情况就更清楚了（图 19）。

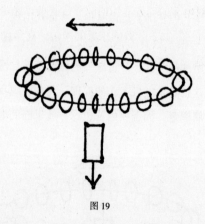

图 19

如果我们正好有刚才那些粒子，和那条磁铁靠在一起，而所有东西都静止不动。我说在磁场里面有角动量，那是角动量的一种隐藏形式，并不表现为真实的运动。当你把磁铁往下拉，使它同圆盘分开，那么所有的场都分开了，场里面的角动量就表现出来了，而圆盘就开始自转。

使得圆盘自转起来的定律就是电磁感应定律。

角动量是否以基本单元出现的问题，我很难回答。初看起来似乎角动量是绝对不可能以基本单元出现的，因为角动量依赖于你投影图像的那个方向。你注视的是一种面积的变化，它明显依赖于你是正视还是从某种角度斜着来观看，不同的角度会产生不同的结果。如果角动量以基本单元出现，比方说你注视着什么东西，它显示出 8 个单位，然后如果你从一个稍微不同的角度观看，那单位的数目就会稍微有所不同，也许比 8 小一点点。而 7 并不比 8 小一点点；它比 8 小可观的一截。因而角动量是不可能以基本单元出现的。然而在量子力学里，这一证明的困难被一种微妙和独特的性质避开了，结果当我们测量对任意轴的角动量时，令人吃惊不已的是它总是一种基本单元的倍数。它不是像电荷那样可以计数的那一类单位。角动量确实在数学意义上是以基本单元出现的，我们在任意测量里得到的数值总是一个确定的整数乘上一个单位。但我们不能够以对电荷的单位适用的同样方式来解释这件事，在这里没有那些我们可以 1、2、3…计数的想象的单位。在角动量的情况，我们不能够想象它们是一些分离的单元，但它总是以一个整数出现……真是非常特别。

还有其他一些守恒定律。它们不像我已经描述过的那些守恒律那么有趣，并且处理的也不完全是数目的守恒。假设我们有某种装置，其中有一些粒子按某种确定的对称式样在运动着，并且假定它们的运动是左右对称的（图 20）。那么，依照物理学的定律，无论它们怎样运动和碰撞，你能正确地期望，如果晚些时候你观察那些粒子摆出的花样，它仍然会是左右对称的。因而这里有一种守恒，即对称性质的守恒。这也应当列到图 14 的表里去，但它不像你测量的一个数，我们将在下一讲更加详细地讨论这个问题。在经典物理学里，对这个问题不是很有兴趣的原因，是由于出现这样漂亮的对称化初始条件的机会实在是太罕见了，因而它就不算作一条非常重要的或者有重大实际意义的守恒定律。但在量子力学里，当我们处理像原子那样非常简单的系统的时候，它们的内部组分常常具有某种像左右对称性之类的对称性，并且那种对称性也会一直保持下去。因此，这是了解量子现象的一条重要定律。

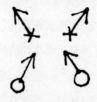

图 20

一个有趣的问题是，这些守恒定律是不是建筑在一种更深层次的基础之上，或者我们是不是知道它们看起来是什么样子就够了。我将会在下一章讨论这个问题，但有一点是我想要在这里提到的。在普及的水平上来讨论这些概念的时候，看来似乎有一大堆互不相关的概念；但对各种原理达到一种透彻的理解，就会看出各个概念之间深刻的相互联系，每一个概念都以某种方式同其他概念相关联。这样的一个例子是相对论同定域守恒的必然性之间的关系。这指的是，如果你不能够说出你运动的速度有多快，就意味着如果有什么东西是守恒的话，它必定不会是从一处跳跃到另一处的。假若我只是叙述了这一种联系而未加证明，那么它就会变得是某种奇迹似的了。

在这里我想要指出的是，角动量守恒、动量守恒，以及几样其他东西，都是在某种程度上有关联的。角动量守恒是同粒子在运动中扫过的面积相关的。如果你有一大堆粒子（图 21），并且把你的参考中心（x）取得很远，那么从中心到每一个粒子的距离都差不了多少。在这种情况下，涉及扫过的面积，或者说涉及角动量守恒的，只有一样东西，那就是动量的一个分量，即在图 21 中沿垂直方向的那些分量。那么，我们发现的是每个质量乘以其速度的垂直分量再统统加起来的总量必定是一个常数，因为对任何参考点的角动量是一个常数，并且如果所选择的参考点是足够远的话，就只有质量和速度是有意义的。角动量守恒就以这样的方式意味着动量的守恒。这又意味着别的什么东西，它同另外一样东西的守恒是那么密切地联系在一起，使得我以为不必把它放到图14的表上。这是关于重心的一条原理（图22）。

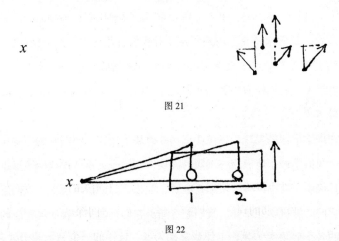

图 21

图 22

有一块质量关在一个盒子里，它完全不能靠它自己从一个位置消失而跑到另一个位置去。这并不违反质量守恒；你仍然有那块质量，只不过由一个位置运动到另一个位置去了。电荷可以那样，而质量是不可以的。让我们解释为什么。物理学的定律是不会受到运动速度的影响的，因此我们可以假定这个盒子缓慢地向上升起。现在我们对一个不那么远的点 x 来计算角动量。当盒子向上升时，如果那块质量躺在盒子里的位置 1 上不动，它就会以一个给定的速率扫过面积。当那块质量已经运动到位置 2 上，它就会以一个较大的速率扫过面积，因为虽然由于盒子依然在向上升而图上的三角形的高不改变，但从 x 到那块质量的距离已经增加了。由于角动量守恒，你不能够变动面积变化的速率，因而你就不

71

能够简单地把一块质量从一个位置移动到另一个位置上去，除非你推动别的什么东西以平衡角动量的变化。这就是为什么火箭在虚空中不能够前进……而火箭又确实能够前进的原因。如果你设想有一大堆质量，那么如果你把一块质量推向前进，你必定把别的质量往后推了，使得所有质量向前和向后的总动量等于零。这就是火箭工作的原理。比方说开始的时候它是在虚空中静止的，然后它向后方喷出一些气体，而火箭就向前进了。这里的要点是，世界上所有东西的质量中心，亦即所有质量的平均位置，仍然保持它先前的所在。对我们有用的那一部分向前进了，而我们不再关心的那一没有用部分则被抛离到后面了。没有一条定理说，世界上对我们所有用的那些东西是守恒的，守恒的只是每一样东西的总量。

物理学定律的发现，好像要把一些碎块拼接成一幅图画的一场拼图游戏。我们掌握了所有这些不同的碎块，而且今天这些碎块的数目迅速地与日俱增。其中许多碎块到处散落，互相之间衔接不起来。我们怎么知道它们能够拼凑起来呢？我们怎么知道它们真的是一幅尚未完成的图画中的各个碎块呢？我们不能肯定这一点，这个问题诚然困扰着我们，但我们看到了有些碎块的共同特征，从而鼓起了我们的勇气。例如：这些碎块都显现出蓝天白云，都是由某种木质材料做成的。所有不同的物理学定律都遵从着同样的守恒定律。

第4章　物理定律中的对称性

人类的头脑似乎特别着迷于对称性。我们喜欢观赏自然界中的对称花样，例如像太阳和行星那样完全对称的球体，或者像雪花那样的结晶体，或者接近于对称的花朵。然而我要在这里讨论的不是自然界中各种物件的对称性，而是物理学定律本身的对称性。很容易看出一件物体有怎么样的对称性，但一条物理定律怎么能够有一种对称性呢？当然它是不能够的，但物理学家们自己喜欢用一些普通的词语来描述别的什么东西。这一回他们对于物理定律有一种感觉，非常接近于对物体对称性的那种感觉，于是他们就称呼那是物理学定律的对称性。那就是我想要讨论的东西。

什么是对称？如果你看着我，就可以看到我是左右对称的——至少在外表上看来如此。一个花瓶可以有这样或者那样的对称性。你怎样定义它呢？我是左右对称这一事实意味着，如果你把在一边的每一件东西放到另一边去，而那一边的东西则放到这一边来，就是说你只是把左右两边交换，那么我看起来应当是完全一样的。一个正方形有一种特别的对称性，因为如果我把它转过 90°，它看起来仍然完全是一样的。数学家外尔教授[1]给出了对称性的一个极好的定义，意思是如果有一件东

1　外尔（Hermann Weyl, 1885—1955），德国数学家。——原注

西，你有可能对它做某种操作，使得你完成了操作之后，它看起来同以前是一样的，那么那件东西就是对称的。这就是我们说物理学定律是对称的意思；我们有可能对物理学定律或者对物理学定律的表达方式做某种操作，而不引起任何差别，并且定律的任何效果也保持不改变。在这次讲演中我们要谈论的正是物理学定律这一方面的性质。

这一类对称性的最简单例子是一种叫作在空间中迁移的对称性，即空间平移对称性[1]。你将会看到，它不再是你原来对左右对称或者类似的对称性所想象的那个样子。现在的对称性有如下的意义：如果装设了任何一套仪器设备，或者对某种东西做了任何一种实验，然后不是在那里而是在这里装设另一套同样的仪器设备，来对同样的东西做同样的实验，差别仅在于从空间中的一个地方迁移到另一个地方去，那么在搬动了的实验里将会发生在原来的那一实验里本来会发生的同样事情。实际上这样说是不完全对的。如果我真的装设了这样一套仪器设备，然后把它从我现在的位置往左边移动 20 英尺，那么它就会碰到墙壁，因而产生许多麻烦了。在定义这一观念的时候，必须把会影响到实验状况的每一样东西都考虑在内。那么你在移动一样东西的时候，牵涉到的每一样东西都要跟着迁移。例如，如果设备系统里包括有一具单摆，并且我把这套系统向右移动 20000 英里的话，它就不再会完全像原来那样运作了，这是因为单摆的运动牵涉到地球的吸引的缘故。然而，如果我设想把地球连同设备一起迁移，那么实验就会以同样的方式进行了。在这种情况下，问题在于你必须把会产生任何影响的每一件东西都一起搬过去。那听起来有点像废话，因为它听起来似乎你是能够移动一套实验设

---

1 此处原文为 translation in space。英语 translation 的本意是转移和迁移。在数学名词和物理学名词里定为"平移"，即不带转动的平行移动。但这里还没有谈到平行移动的概念，所以先说转移或者迁移也可以。至于"时间平移"的说法就有点不合适了，因为时间只有一维，何来平动和转动的分别？我们在下文里还使用了"时间迁移"的说法，因为在汉语里，"迁"既可以用于空间，亦可以用于时间。——译注

备的，并且假若它工作不正常的话，你也能够只归因于你没有把足够多的东西一起搬过去，这样你就立于不败之地了。而关于自然界的一件值得注意的事情，乃是有可能搬动足够多的东西使得实验以同样的方式进行。那是一种正面的陈述。

我想说明这样的一件事是真实的。让我以引力定律作为一个例子，它说的是物体之间的引力与两者之间的距离的平方成反比；并且我提醒你，一个物体对力的响应是在力的方向上随时间而改变它的速度。如果我们有两个物体，譬如一颗行星环绕着太阳运行，而我把这一对物体作为整体移动到别处，那么两者之间的距离当然没有改变，因而力也没有改变。而且，在它们移动了的情况下，它们会以同样的速度运行，并且所有的变化都保持相同的比例，在这两个系统里的每一样东西都以相同的方式进行。定律里面说"两者之间的距离"而不是说与宇宙中心点的某种绝对距离，就意味着定律是可以在空间中迁移的。

好了，那是第一种对称性——空间中的迁移。下一个可以叫作时间上的迁移，但是，我们最好是说时间上的延迟不会造成任何差别。我们让一颗行星在某一个方向上开始环绕着太阳运行；假如我们能够在两小时之后，或者在两年之后在另一个起始点上一切从头再来，而行星和太阳就会以完全一样的方式运行，因为引力定律谈到的也是速度，而绝不是你们假设用来开始测量事物的绝对时间。事实上，在这个特殊的例子里，我们讲得不完全对。当我们讨论引力时，我们谈论过引力随时间变化的可能性。这就会意味着时间上的迁移不是一个有效的主张，因为如果引力常数从 10 亿年之后开始会变得比现在弱，那么我们那个实验的太阳和地球的系统，在离现在 10 亿年之后就不会真的如同现在那样运动。就我们今天所知而言（我只能按照我们今天所了解的来讨论那些定律——但愿我能够按照我们明天将会了解的来讨论那些定律！），时间上延迟不会导致差别。

我们知道一方面这不是完全对的。它在我们现在称为物理学定律的意义上是对的；但在这个世界上有一件事实是，如果宇宙有一个确定的起始时间的话，那时候一切东西就都会在爆炸中分离开来，这个世界就会大不相同了。你也许会把那叫作一种地理条件，就像当我在空间中迁移的时候我必须把一切东西都随着带走的情况一样。在同样的意义上，你也许会说定律在不同的时间都是相同的，只要我们使每一样别的东西都随着宇宙而膨胀。我们还可以对宇宙在晚些时候启动的另一种情况做出分析；但我们并不能使宇宙启动，我们不能够控制那种情况，并且没有办法在实验上定义有关的概念。因而只要谈到科学，我们就真的没有办法说出什么来。事情的真相是，世界的各样条件看来是随着时间而变化的，各个星系正在互相远离之中，因而在某部科幻小说中，假如你在某一未知的时间醒来，你就可以通过测定星系之间的平均距离来得知你处在什么时间。那意味着如果时间延迟了的话，世界看来会大不相同。

今天我们通常把物理学各定律同世界实际上是怎样开始的陈述分割开来。物理学定律告诉我们的是，如果你在一种给定的条件下启动，那些东西将会怎么样运动；而我们对世界的起始则所知甚少。一般认为天文学的历史或者宇宙的历史与物理学定律稍有不同。而如果你要考一考我怎么样去定义其间的差别，我就免不了被不停地追问。物理学定律的最佳本性是它的普适性，即普遍适用的特性。如果有任何东西是普适的，那么所有星系的膨胀就是其中之一。因而我没有办法定义那种差别。然而，如果我只局限于我自己而不顾宇宙的起源，仅仅采用那些已知的物理学定律，那么在时间上的延迟不会造成任何差别。

让我们再看看别的一些对称性定律的例子。其中之一是空间中的转动，一种对于固定点的转动。如果我用装设在某个位置的一件仪器来做某些实验，然后再拿另一件完全相同的仪器（可能先要迁移一下，免得挡住了别的东西），但经过转动使它的所有轴线都改变了方向，它也会以同样的方式工作。这一次我们也要把相关的每一件东西都跟着转动。如果那一件东西是一具古老的摆式时钟，并且你把它水平放置，那么钟摆就会只躺在钟盒的壁上不动了。但假如你把地球也转过来（地球在什么时候都是在转动的），摆钟依然会继续运动。

转动的这种可能性的数学描述是相当有趣的，为了描述在一种情况中发生了什么事，我们用一些数来表示一件东西在什么地方。它们称为一个点的坐标，而我有时候用三个数来描写这一点离某一平面有多高，它在前面有多远，或者在后面则以负数表示，以及它在左边有多远。在现在这种情况下我不必顾及上和下，因为讲到转动时我只用到这三个坐标中的两个。让我们称在我前面的距离为 x，在我左边的距离为 y。那么我就可以通过告诉任何物体在前面有多远和在左边有多远而为它定位。来自纽约市的人都知道，那里的一些街道是按照一种简便的方法，即用数字来命名的——或者说直到他们开始为第六大街改名字之前就是那样做的！关于转动的数学概念是这样的：如果我像我刚才所描述的那样，通过给出一个点的 x 和 y 坐标和别的什么东西来给它定位；而面朝不同方向的另一个什么人，也以同一方式，去为同一个点定位，但他计算的是相对于他自己位置的坐标 x' 和 y'，那么他就可以看到，我的 x 坐标是由另外那个人计算出来的两个坐标的一种混合。两种坐标的变换关系是，x 变成 x' 和 y' 的混合，而 y 变成 y' 和 x' 的混合。自然界的定律应当是这样写成的，如果你算出了这样的一种坐标混合，再把它重新代入方程里，那么那些方程将不会改变它们的形式。这就是对称性以数学形式表示的方式。你用某些字母写出方程，然后有一种方法把字母从 x 和 y 变换到一个不同的 x，即 x'，以及一个不同的 y，即 y'，你得到的方程看起来与原来的用 x 和 y 表示的方程是一样的，差别仅在于原来没有撇的坐标都加上了撇。这正意味着另一个人在他的仪器里看到的情况将与我在我自己的仪器里所看到的相同，而他的仪器是已经转过了一个角度的。

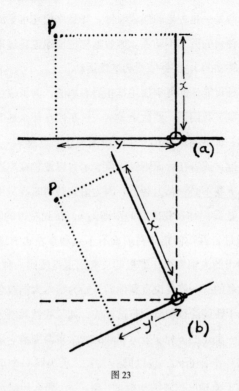

图 23

(a) 点 P 相对于我的关系是用两个数 x 和 y 来描写的;x 表示 P 在前面离我有多远, y 表示在左边离我有多远。

(b) 如果我在同一个地点上而只是转过了身, 同一点 P 是用两个新的数 x' 和 y' 来描写的。

我将要给出另一个非常有趣的关于对称性定律的例子。这是以均匀的速度沿着一条直线运动的问题。我们相信沿着一条直线做匀速运动时, 物理学定律是不改变的, 这叫作相对性原理。如果我们有一艘宇宙飞船, 在它里面我们有一台仪器在做着什么事情, 而且我们有另一台相同的仪器装设在地面上, 如果宇宙飞船以均匀的速度运动, 里面有一个人守候着他的仪器，那么他在仪器里面能够看得到的情况同在地面上静止不动的我在我的仪器上能够看得到的情况没有什么不同。当然，如果他朝外看，或者如果他碰到了飞船的外壁，或者发生了类似的情况，那就是另一回事了；但只要他以均匀的速度沿着直线运动，他所看到的物理学定律同我是一样的。因为事实就是这样的，我不能够说哪一个在运动。

在我们做进一步的讨论之前，我必须在这里强调，在所有的这些变换里，以及在所有这些对称性里，我们并不是在谈论搬动整个宇宙。就时间而言，如果我设想我变动了整个宇宙中的时间，那我等于什么也没有说。因而如果我说把整个宇宙的每一样东西在空间中搬动，它会以同样的方式运动的话，这一陈述也是空话。重要的是，如果我把一件仪器搬走，然后我确保满足一系列的条件，以及包括有足够多的仪器，我就能够划出世界的一部分，使它相对于其余所有恒星的质量中心做运动，这样做仍然不会产生任何差别。在相对论的情况下，它的意思是如果有人相对于星云其余部分的质量中心，以均匀的速度沿着一条直线依靠惯性滑行，他将看不到有什么不同。换句话说，如果不往外看的话，从在一辆车的车厢里做的实验的任何效应，都不可能确定你是否相对于所有恒星在运动着。

这一命题最早包含在牛顿的陈述里。让我们看看他的引力定律。这条定律说的是，力同距离的平方成反比，并且力的作用产生速度的变化。现在假定我算出了当一颗行星环绕一个固定的太阳运行时会发生什么事，而现在我又想要算出当一颗行星环绕一个移动着的太阳运行时会发生什么事。那么我在第一种情况下的所有速度的值都是与第二种情况不同的；在第二种情况下我要加上一个恒定的速度。但牛顿的定律说的是速度的变化，因此实际上发生的是，固定的太阳对行星施加的力，同移动着的太阳对行星施加的力是一样的，因而两颗行星的速度变化是等同的。因此，当我启动第二颗行星时外加的任何速度只是继续保持下去，而所有的速度变化都是累加在那些速度头上的。数学上的净效果就是，如果你加上了一个恒定的速度，定律将会完全是一样的。因此，我们不能够通过对太阳系以及各个行星环绕太阳运行的方式的研究来计算出太阳本身是不是在空间中漂移。根据牛顿定律，这样一种在空间中的漂移，不会对各个行星环绕太阳的运动产生任何影响，所以牛顿补充说："各个物体在空间中它们自己互相的运动都是一样的，不管空间自身相对于固定的恒星是静止不动，还是以均匀的速度沿着一条直线运动。"

随着时代的进步，在牛顿之后发现了各种新的定律，其中有麦克斯韦[1]的电学定律。电学定律的结果之一是应当有一种波动，电磁波——光就是电磁波的一个例子——它应当以 186000 英里每秒的速率行进，正好就是这个数。我说的是 186000 英里每秒那么快的速度，会发生什么事呢？那么就容易区分出哪里是静止哪里是运动的了，因为光以 186000 英里每秒的速度行进的定律，（初看起来）肯定不是一条允许有人运动得那么快而不产生某种效应的定律。但事实并非如此，很明显，如果你在一艘宇宙飞船里，以 100000 英里每秒的速度朝某一方向行进，同时我静止不动，并且我发出一束以 186000 英里每秒的速度行进的光，透进你的飞船的一个小孔，由于你的速度是 100000 英里每秒而光的速度是 186000 英里每秒，那么你所看到的光就只是好像以 86000 英里每秒的速度通过一样。但是，如果你做这样的实验，结果表明，你看到的光好像以 186000 英里每秒的速度通过，并且我看到的光也好像也以 186000 英里每秒的速度通过一样！

大自然的有些事实是不容易理解的，上述实验的事实是那么明显地

1　麦克斯韦（James Clerk Maxwell, 1831—1879），英国剑桥大学的第一位实验物理学教师。——原注

违背常识，以至于有些人依然不相信其结果！但一次又一次的实验指出，不管你运动得多么快，光的速度总是 186000 英里每秒。现在的问题是，怎么会这样呢？爱因斯坦认识到，庞加莱[1]也认识到，如果一个人在运动而一个人在静止而两人依然测量到相同的速度，那么唯一可能的方式是他们对时间的感觉和他们对空间的感觉是不相同的，在空间飞船里的时钟的走动速率与地面上的时钟是不同的，如此等等。你会说，"啊，但如果时钟在走动而我在宇宙飞船里注视着它，那我就看得到它走慢了"。不，你的大脑也走慢了！因而确定了每一件东西都只是在宇宙飞船里面运行，就有可能建立一个系统，在飞船里看来它好像是每飞船秒走 186000 飞船英里，与此同时在我看来它好像是每我的秒走186000 我的英里。那是一件要非常机灵精巧才能做到的事，而令人吃惊的是，结果表明，那是有可能做到的。

我已经提到过，这条相对性原理的结果之一是，你不能够说出你沿着一条直线所做的匀速运动有多快；你记得在上一章里，我们讲到了有两辆车子 A 和 B 的情况（图24）。有两个事件在 B 车的两端同时发生。有一个人站在车厢 B 中间，某一瞬间在他的车厢的每一端发生了事件 x 和 y，他宣称两个事件是在同一时间发生的，因为站在车厢中央的他是在同一时刻看到从这两个事件发出的光的。但在车子 A 上的那个人，他是以恒定的速度相对于 B 运动的，他同样看到了两个事件，但不是在同一时刻；事实上他先看到事件 x，因为他正在向前运动着。你看到了关于以均匀的速度沿着一条直线运动的对称性原理的结果之一是（在这里使用对称性这一名词，指的是你不能够说出谁的观点是对的），当我用"现在"这个词来谈论每一件正在发生着的事，那是毫无意义的。如果你正在以均匀的速度沿着一条直线运动着，那么在你看来是同时发

1　庞加莱（JulesHenry Poincar é ,1854—1912），法国科学家。——原注

生的事件，并不是在我看来是同时发生的那些事件，即使在我认为是同时的两个事件发生的那一刻我们两人正好相遇。我们不能够对一段距离之外的"现在"的意义达成一致。这意味着，为了保证不可能检测到沿着一条直线的均匀速度这条原理，我们对于空间和时间的观念就要产生一种深刻的转换。实际上只要两个人不在同一地点，而且离得很远，那么在这里发生的事情就是，两个事件从一个人的观点看是同时的，而从另一个人的观点看来则不是在同一时刻发生的。

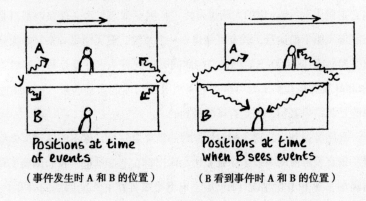

Positions at time of events
（事件发生时 A 和 B 的位置）

Positions at time when B sees events
（B 看到事件时 A 和 B 的位置）

图 24

你可以看到，这同空间中的 x 和 y 坐标十分相像。如果我站着面对听众，那么我站着的讲台的两面侧墙和我是在同一水平轴线上。它们有同样的 x 坐标，而 y 坐标是不同的。但是如果我转过了 90°，再看同样的两面墙，但是从一个不同的观点看了，现在一面墙在我的前头而另一面在我的后头了，它们现在具有不同的坐标 x' 了。同理，从一个观点看来两个事件是同时（同一个时刻 t）发生的，而从另一个观点看来可以是在不同的时间（不同的时刻 t'）发生的。因而可以把我讲的这种二维转动推广到空间和时间，把时间加到空间之上以构成一个四维世界。那不仅仅是一种人为的叠加，就像在大多数普及读物里给出的解释那样，"我们把时间加到空间上，因为不能仅仅确定一个位置，你还要说在什么时间"。说得不错，但那并不会构成一种真正的四维空间时间；那只是把两件东西放到一起罢了。在某种意义上，真正空间的特征是它的存在是与特定的地点无关的，从不同的观点去看"前后"坐标，会同"左右"坐标混合。相似地，"过去未来"的时间坐标，也会同某种空间坐标相混合。空间和时间必然是互相联结的；闵可夫斯基发现了这一点之后说，"空间本身和时间本身都将消退为一些阴影，并且只有它们的一种联合会留存下来"。

我把这个特殊的例子讲得这么仔细，因为它是学习物理学定律的对称性的真正开始。正是庞加莱建议做这种分析，看看你能对方程做些什么而方程依旧不变。它是庞加莱注意物理学定律的对称性的态度。空间的迁移、时间的延迟，如此等等，并不是非常深奥的；但以均匀的速度沿着一条直线运动的对称性是十分有趣的，并且它能引出所有类型的结果。而且，这些结果还能够推广到我们还不知道的那些定律。例如，通过猜想在 μ 介子蜕变过程中这条原理是对的，我们就能够说我们亦不能够运用 μ 介子来告诉我们在一艘宇宙飞船里飞得有多快；因此我们至少知道了关于 μ 介子蜕变的一点东西，即使我们并不知道 μ 介子本来为什么会发生蜕变。

还有许多其他对称性，其中一些属于一类非常不同的类型。我将只提到少数几种。一种对称性是你能够把一个原子替换为另一个同一种的原子，这样做对任何现象都不会引起差别。现在你也许要问："你说同一种是什么意思？"我只能回答说，同一种原子的意思是，当它被换成另一个时，不会引起任何差别。看起来好像物理学家总是在讲废话似的，不是吗？有许多不同种类的原子，如果你把一个原子换成另一个不同种类的原子则会引起差别，但如果你把一个原子换成一个同一种的原子，那就不会引起差别，这看起来好像是一种循环定义。但事情的真正意义是有一些原子是同一种类的；有可能找到一组一组、一类一类

83

的原子，使得你可以在同一种类里将一个原子换成另一个而不引起任何差别。由于在一小块物质里的原子数目约摸是1后面跟着23个零，那么多的原子的一个重要性质是它们都是相同的，或者它们不是完全不同的。我们能够把它们分成有限数目的一两百种不同类型的原子，这真是一件非常有趣的事，因而我们关于能够用另一个同类的原子来替换一个原子的陈述含有丰富的内容。在量子力学里它具有最丰富的内容，但我不可能在这里讲清楚这一点，这部分地，并且仅仅是部分地由于这次讲演的听众在数学上还缺乏训练；但无论如何它都是十分难以捉摸的。在量子力学里，你能够把一个原子换成另一个同一种类的原子这一命题具有一些奇特的结果。它产生了液态氦的特殊现象，液态氦不受任何阻力地流过管道，只是靠惯性永远流动。事实上存在着同类原子这一事实，是整个元素周期表的来源，也是使得我不会跌落到地板下面的力的来源。我在这里不能够谈到所有这些细节，但我想强调要注意到这些原理的重要性。

讲到这里，你们可能相信所有的物理学定律无论在任何变化下都是不变的，因而我现在要给出几个对称性不成立的例子。第一个是尺度的变动。假使你建造了一台仪器，然后你再建造另一台，它的每一个部件都用同样的材料做成相同的样子，只是尺寸加了倍，如果你认为它仍然会完全按照同样的方式工作，那样想是不对的。你们熟知原子的人都会意识到这一事实，因为如果我做一台仪器，它要小到100亿分之一，那么我在这台仪器里也许只有5个原子，而我不能够，比方说只用5个原子来做成一台仪器。显而易见的是，我们在改变尺度上不能走得这么远，但即使在原子图像的完全认识形成之前，人们已经明白这条定律是不对的。你也许在报纸上不时看到，有人用火柴杆做了一座几层楼的教堂模型，每一件东西都比曾经见到过的哥特式教堂更哥特式，而且更精致。为什么我们不去像这样使用巨大的原木建造具有同样的浮华装饰，以及同样繁复雕琢的庞大教堂呢？答案是假如我们确实建造了这样的建筑物，它就会因为太高太重而倒塌。啊！但你忘记了你在比较两件东西的时候，你必须改变系统中的每一样东西。用火柴杆做的小教堂是被地球吸引的，因而做比较的时候，大的教堂就应当被一个更大的地球来吸引。真糟糕。一个较大的地球对它的吸引更强，那些建筑构件肯定很快就破裂了！

物理学定律在尺度的变动下没有不变性的这一事实，最早是由伽利略发现的。在讨论杆件和骨骼的强度时，他论证了，如果你需要为一只较大的动物，比方说一只两倍高、两倍宽和两倍厚的动物配置骨骼时，你将会有八倍的重量，因而你需要能够支持八倍强度的骨骼。但骨骼所能支撑的强度取决于它的横截面，而且如果你做一根两倍大的骨头，它的横截面只大到四倍，只能够支持四倍的重量。在伽利略的著作《关于两门新科学的对话》里，你可以看到他按照实际支持躯体的需要画出的一根想象的巨兽骨头图像，是如何粗壮得不成比例[1]。我设想伽利略自以为发现了自然定律在尺度变动时并不是不变的事实，如同他的运动学定律一样重要，因为这两种定律都收入了他的《两门新科学的对话》里。

另一个不是对称性定律事物的例子是这样一个事实，假如你在一艘宇宙飞船里以均匀的角速率做自转，在这种情况下，说你不能讲出你是否在做转动是不对的。你能。我也许会说，你会感到头晕目眩。这里有两种别的效应；物体由于离心力而被甩向舱壁。（或者不管你喜欢怎么样去描述这种现象——我希望在座的听众中没有大学一年级的物理学教师来纠正我！）有可能通过一具单摆或者一个陀螺仪来说出地球是在转动着，而你可能记得在各个不同的实验室和博物馆里都设有所谓傅科

1　伽利略这本著作原名《关于两门新科学的谈话》，英译本改成《关于两门新科学的对话》。费曼原文说的是一种想象的狗骨的多幅图像，但伽利略的书中只有一幅假想的巨兽骨头的图像（图 27），并且没有指明是狗骨。译文根据伽利略的原文做了改动。——译注

摆[1] 的仪器，它证明了地球在转动着，而无须眺望天上的星星。我们不必朝外看就有可能在地面上证明地球是在以均匀的角速度转动着，因为物理学定律在这种运动中不是不变的。

许多人曾经提出实际上地球相对于众星系转动着，如果我们也把那些星系转动，就不会产生任何差别。噢，我不知道假如你把整个宇宙转起来会发生些什么事，并且我们现时没有办法晓得这一点。此刻我们也没有任何理论来描写一个星系对我们这里事物的影响，使得从这一理论可以直截了当地而不是靠瞎蒙或者生硬地把转动的惯性、转动的效果，把一只旋转着的桶里的水呈现出凹状的表面等现象，看成是周围的物体施加的力的结果。还不知道到底是不是这样。这应当是被称为马赫原理所说的情况，但那是还没有被证实的情况。更直接的实验问题是，如果我们以相对于星云的均匀速度转动，我们会不会看到任何效应。这个答案是肯定的。如果我们乘坐在一艘宇宙飞船里，相对于星云以均匀的速度沿着直线前进，我们会不会看到任何效应？这个答案是否定的。两件不同的事情。我们不能够说所有运动都是相对的。那不是相对论的意思。相对论说的是，相对于星云沿着直线的均匀速度是检测不到的。

我想要讨论的下一种对称性是一种有趣的对称性，并且有一段有趣的历史。那是空间中的反射问题。我建造了一件仪器，让我们说是一具时钟吧，然后在一段短距离之外我再建造另一具时钟，它是头一具时钟的镜像。这两具时钟就像一双手套的左右手一样，一具时钟的发条朝一个方向拧紧而另一具则朝相反的方向拧紧，如此等等。我上好了两具时钟的发条，把它们放在相应的位置上，然后让它们嘀嗒嘀嗒地走动。问题是，它们会总是保持彼此一样吗？一具时钟的所有机件的运转都同另一个镜像一样吗？我不知道你会怎样猜测这个问题。你可能猜想那是对

---

1 傅科（Jean Bernard Léon Foucault, 1819—1868），法国物理学家。——原注

的；大多数人都那么想。我们当然不是在谈论地理学上的差异。我们能够通过地理环境而分辨出左和右。我们可以说，如果我们站在佛罗里达州而朝纽约州看，那么大西洋就在右手边。那样就分出了左和右，而如果时钟浸入海水它就不能工作，那么因为时钟的走时机械不能够在水里运行，我们就不能够把它摆到海里而是要用别的方式来建造它。在那种情况下，我们本来需要想象地球的地理环境也随着那另一具时钟而转过去；涉及的任何东西都必须一起转过去。我们对历史也不感兴趣。如果你在金工车间捡起一颗螺丝，绝大多数情况下它是一只有右旋螺纹的螺丝；于是你会争辩说，那另一具时钟不会是一样的，这是因为难得找到那些相反螺纹的螺丝的缘故。但那只是我们做了些什么样的事的问题。总而言之，那最先的猜想似乎是没有什么东西造成任何差别。结果表明，引力定律是这样的，如果时钟靠引力工作，那么它不会造成任何差别。电学和磁学的定律是这样的，如果加上了电磁的部件、电流和导线诸如此类的东西，那对应的时钟仍然能够工作。如果时钟涉及通常的核反应来使它运转，它也不会造成任何的差别。但有些东西是会造成差别的，我马上就要谈到它。

你们也许知道，有可能通过让偏振光穿透水溶液来测定溶液里糖的浓度。如果你放好一块偏振片，让光沿着某一轴线穿过偏振片投射到水溶液里去，在观察着光的行进时你会发现，当它穿过越来越深的糖溶液时，你必须把在溶液另一头的另一块偏振片向右转过越来越大的角度才能使光通过。那么，在这里表现出了左和右的分别。我们也可以在时钟里使用糖水和光。假设我们有一玻璃缸水，使一束偏振光穿透它，然后转动我们的第二块偏振片使得光恰好能通过；然后，假设我们在第二具时钟里做了相应的布置，希望光的偏振方向会朝左转。光不会朝左转；它将仍然朝右转而不能通过。使用了糖水，我们的两具时钟就显出了差别！

这是一个最值得注意的事实，而且它初看起来似乎证明了物理学定律在空间反射下不是不变的。然而我们那一次所用到的糖可能来自甜菜；但糖是一种相当简单的分子，有可能在实验室里，用二氧化碳的水做原料，经过许多步骤把它做出来。如果你试一试人工制造的糖，它在化学上无论哪一方面看来都是一样的，但它不会使光旋转。细菌吃糖；如果你在人工糖的水溶液里放进细菌，结果它们会仅仅吃掉一半的糖，当细菌完工的时候，你把偏振光透射剩下来的糖水，你会发现它向左转。这件事情的解释是这样的，糖其实是一种复杂的分子，它是由一组分子按照一种复杂的排列而构成的。如果你做了完全同样的排列，但把左当作了右，那么这一个糖分子的每一对原子之间的距离同那是一样的，这两个分子的能量是完全一样的，并且对于所有不涉及生命的化学现象都是一样的。但生物会发现其中的差别。细菌只吃其中的一种而不吃另一种。从甜菜提炼出的糖都是同一类的，都是右手性的分子，所以它们都以一个方向使光旋转，细菌只能吃这一类分子。当我们从本身不是非对称的、简单的气态物料制造糖的时候，我们以同等的数量制造出两种分子。然后，如果我们放进细菌，它们将只消灭它们所能吃的那一种而留下了另一种。那就是为什么剩下来的溶液使光朝另一方向旋转的原因。正如巴斯德[1]发现的那样，有可能使用放大镜察看而分拣出两种类型的晶体。我们能够证明这一切都是有意义的，如果我们愿意，我们能够靠我们自己而不必等待细菌来做这种分离工作。但有趣的是细菌能做这件事。这是否意味着生命过程不遵守同样的定律呢？显然不是。看来在生物体内有许许多多复杂的分子，并且这些生物体内的分子都具有一种螺纹的性质。在生物体内最能显示其特征的分子是蛋白质。它们都具有一种开塞钻[2]那样的螺旋走向，就是说是向右旋转的。就我们所知而言，如果我们能够用化学方法制造同样的东西，不过是左旋而不是右旋的，那么那些物质不会有生物学上的功能，因为当它们遇到其他蛋白

---

1 巴斯德（Louis Pasteur, 1822—1895），法国细菌学家。——原注

2 开塞钻（cork-screw），用来拔出酒瓶木塞的螺旋形器具。——译注

质时，不能够以同样的方式起作用。左旋螺纹同左旋螺纹相配合，但左旋螺纹同右旋螺纹是无法配合的。细菌在它们体内的化学成分里有右旋螺纹，因而能够区别右旋和左旋的糖。

它们怎么能够做得到呢？物理学和化学只能够制造两种旋向的分子，而不能够区分它们。但生物学能够。容易置信的一种解释是，很久以前当生命过程最早开始的时候，先产生了某种偶然的分子，并且它靠复制自身而繁殖它自己，如此等等，直到许多许多年后，这些形状突兀的一团团生命物质，这里突出一块鼓包，那里伸出一根尖刺，彼此靠近和交流……而我们都不过是这些最早的几个分子的后代，而最早的几个分子采取这种方式而不是别的方式形成，完全是偶然的。必须采取这一种或者那一种方式，或左或右，然后它就复制自己，然后不断繁殖下去。它很像金工车间里的螺丝。你用右手螺纹的螺丝去制造新的右手螺纹的螺丝，如此等等。在生命体内所有分子都具有完全一样的螺纹这一事实，可能是在完全分子水平的基础上表现出来的生命的始祖的统一性的最深刻的演示。

为了对物理学定律是否对左右都一样这个问题做一个更好的试验，我们可以为我们自己设想如下的问题。假定我们在电话里同一位火星人，或者一位大角星人交谈，而我们想要把地球上的事物描述给他听。首先的问题是，他怎么能懂得我们的话语呢？康奈尔大学的莫里森教授[1]对此有深入的研究，他曾经指出，一种办法是开始的时候说："滴答，一；滴答，滴答，二；滴答，滴答，滴答，三"；如此等等。那个家伙很快就会懂得这些是数目字。一旦他了解了你的数字系统，你就可以写出一长串的数字来依次代表不同原子的重量或者原子量，然后说"氢，1.008"，接着是氘，氦，如此等等。在他坐下来面对着这些数

1　莫里森（Philip Morrison），美国物理学教授，参看 1964 年英国广播公司第一套节目（BBC1），电视系列讲座"原子的构造"。——原注

字的时候，过一会儿他就会发现那些比值与各种元素重量的比例是相同的，因此那些名称就必定是各个元素的名称了。运用这种办法，你会逐步建立一种公共的语言。现在问题来了。假定当你同他混熟了之后，他说："你这伙计，你真好。我想要知道你们看上去是什么样子。"你先回答说，"我们约摸有六英尺高"，而他说，"六英尺——英尺有多长？"那还不容易："六英尺高就是 17 亿个氢原子摞起来这么高。"那不是一个笑话——它是向一位没有尺子的什么人描述六英尺有多长的一种可能的办法，假如我们既不能送一个样品给他，双方又不能够看到同样一些物体的话。如果我想要告诉他我们有多高大，我们就可以这样做。由于物理学定律不是在尺子的变动下不变的，因此我们可以运用那一事实去确定尺子的长短。我们可以依法继续描述我们自己——我们有六英尺高，以及我们在外表上如此这般的双侧对称，我们身上还有伸出来的四肢，等等。然后他会说："真有趣，但你们身体内部看起来像什么样子呢？"于是我就描述体内的心脏等，并且我说，"现在我们的心脏是在左边"。问题是，我们怎么样能够告诉他哪一边是左边呢？你会说，"噢，我们拿些甜菜糖来，把它溶解于水中，然后观察偏振光的旋转……"他的困难只是在于那里没有甜菜。我们也没有办法知道在火星的进化当中发生过什么样的偶然情况，即使在他们那里产生过相应的蛋白质，也可能一开始就是左旋螺纹的。我们没有办法说清楚。经过冥思苦想之后，你明白你做不到这件事，于是你下结论说那是不可能的。

　　然而，在大约五年前，某些实验产生了各种各样的谜团。我在这里不能够讲述其中的细节，但我们发现我们自己越来越深地陷入困难之中，遇到越来越多的悖谬状况，直到最后李政道和杨振宁[1] 提出，或许左右对称即自然界对左和右是一样的原理是不对的，这样就有助于解开

1　李政道和杨振宁，中国物理学家，共享 1957 年诺贝尔奖。——原注

已经发现的一些奥秘。李政道和杨振宁提出一些更直接的实验来证明这一点，而我下面只讲到在所有做过的实验当中最直接的一个例子。

我们看看一种放射性蜕变过程，例如，在这种过程中发射出一颗电子和一颗中微子；这个例子我们前面已经讲到过了，就是一颗中子蜕变为一颗质子、一颗电子和一颗反中微子的 β 衰变过程；有许多原子核的这种放射性蜕变过程，其中核的电荷增加一个单位同时放出一颗电子。一件有趣的事情是，如果你测量电子的自旋——电子射出来的时候在自转着——你会发现它们在向左自转（从它的后面看，就是说，如果它朝南走，其自转方向就与地球相同）。当电子从蜕变过程中射出时总是朝一个方向旋转，按左手螺纹旋转，这一事实具有确定的意义。这就好像是在 β 衰变过程中射出的电子是由一支来复枪发射出来的一样。有两种方法制造枪膛的来复线；有一个"射出"的方向，而你可以选择子弹在射出时是朝左转还是朝右转。实验证明了发射电子的是一支来复线左旋的来复枪。因此，运用这一事实，我们就能够打电话给我们的火星人说，"听着，取一块放射性物质，一颗中子，然后观察从它们的 β 衰变过程中射出的电子。如果电子在射出时朝上走，那么从它的后面看，它体内的自转的方向就是朝左边转。那就定义了什么是左。那就是心脏所在的那一边"。因此就有可能从什么是左谈到什么是右，而世界是左右对称的定律就此垮台了。

下面我想要谈的是守恒定律同对称性定律的关系。在上一章里我们谈到守恒原理，能量、动量、角动量等的守恒。极为有趣的是看来守恒定律同对称性定律之间有着一种深刻的联系。只有在量子力学知识的基础之上，我们才能够对这种联系给出恰当的解释，至少按照我们今天的理解是这样。尽管如此，我还是要向你们讲关于这一点的一种说明。

如果我们假设物理学定律是能够由最小值原理描述的，那么我们就能够证明，如果有一条定律说你能够把所有的仪器都搬到一边，换句话说如果它在空间中是可以迁移的，那么就必定有动量的守恒。这是在守恒定律同对称性定律之间的一种深刻的联系，但那种联系要求采取最小值原理。在第二章里我们讨论过一种描述物理学定律的方法，即一个粒子在给定的时间范围里尝试不同的路径从一个地点去到另一个地点的方法。存在某一个量叫作作用量，也许这是一个偶然误用的名词。当年按照不同的路径计算作用量时，你会发现这个量实际采取的路径总是比任何其他路径为小。这种描写自然定律的方法是说，对于实际路径来说，用某种公式表达的作用量是所有可能路径当中最小的。说一件东西最小的另一种说法是，如果你起初把路径移动一点点，也不会造成任何差别。假设你正在丘陵地带漫游——是那些平滑的山丘，因为在数学里涉及的东西对应着平滑的东西——你到达一个地点，在那里你是最低的了，然后我说，如果你跨出一小步，你也不会改变你的高度。当你在最低点或者最高点的时候，在第一级近似下，迈出一步不会使你的高度产生任何差别，而你若是在斜坡上，那么你可以迈一步向斜坡下方走去，或者你也可以朝相反的方向迈一步向斜坡上方走去。当你处在最低点，迈出一步不会造成多大差别。这种推理的关键之处，在于假使那样确实造成了差别即升高了的话，那么你朝相反的方向迈一步就会下降了。但是因为这里已经是最低点了，你不能够再下降，因而你的第一级近似是迈一步不会引起任何的差别。因此，我们知道如果把一条实际的路径稍微移动一点点，在第一级近似上不会对作用量引起任何差别。我们画出一条路径，从 A 到 B（图 25），现在我要你考虑下面一条可能的其他路径。首先我们从 A 跳到紧邻的近旁另一点处 C，然后我们完全按着相应的路径去到另一点 D，它是从点 B 移动同一数量的结果，当然是这样，因为那是相应的一条路径。现在我们正好发现，自然界的定律是这样的，沿着路径 $ACDB$ 的作用量的总量在第一级近似下，是同沿着原先的路径 AB 一样的——这是当它代表实际的运动路径的时候，从

图 25

最小值原理得出的结论。我要告诉你一点别的东西，如果当你把每一样东西都迁移过去世界是相同的话，在原来的路径从 A 到 B 上的作用量，与从 C 到 D 的作用量是相同的，因为这两条路径的差异仅在于你把每一样东西都移过去了。因而，如果空间迁移的对称性原理是对的话，那么从 A 到 B 的直接路径上的作用量，是同从 C 到 D 的直接路径的作用量一样的。然而，对于真实运动来说，在绕了弯的路径 ACDB 上的总作用量十分接近于在直接路径 AB 上的同一作用量，因此真正相同的只是从 C 到 D 的那一部分。这条绕了弯的路径上的作用量是三个部分之和——从 A 到 C，从 C 到 D，再加上从 D 到 B 的作用量。那么，在减除了相等项之后，你便有可能看到从 A 到 C 的贡献加上从 D 到 B 的贡献必定等于零。但是在运动中，在这些分段上有一段是沿着一个方向走的，而在另一段上是沿着相反的方向走的。如果我们取从 A 到 C 的贡献，想象它是沿着一个方向运动的效应，而从 D 到 B 的贡献如同从 B 到 D 的贡献但取相反的符号，因为两者的走向是相反的，我们看到有从 A 到 C 的一个量是同从 B 到 D 的量相配而可以相消的。这是在从 B 到 D 的方向上迈一小步对于作用量的效应。那个量，向右迈一小步对于作用量的效应，在开始时（从 A 到 C）同在末尾时（从 B 到 D）是一样的。因此，有一个量在时间流逝中是不会改变的，只要最小值原理成立，而且空间迁移的对称性原理是对的。不会发生改变的这个量（它代表着朝向一侧走一小步对于作用量的效应）事实上正是我们在上一章里谈到过的动量。这就证明了对称性定律同守恒定律的关系，只要假定那些定律遵从最小作用量原理。结果表明，它们的确满足最小作用量原理，因为它们是来自量子力学的。那就是为什么我在上面的分析里说对称性定律同守恒定律的关系来自量子力学的缘故。

对时间延迟的相应论证得出能量的守恒。在空间中转动不会引起任何差别的情况，得出角动量守恒。这样我们也能够进行空间的反射而不产生任何变化的效果，而这是在经典物理学的意义上不能够简单地得出来的结果。人们已经将它称为宇称，而他们也有了一条称为宇称守恒的守恒定律，不过那都是一些难以听懂的词语罢了。我要提到宇称守恒，因为你们也许已经在报刊上读到宇称守恒已被证明为不对的了。如果报刊上写出来的是你不能够区别左和右的原理已经被证明为错的，本来就会容易理解得多。

我在谈到对称性的时候，还想要告诉你们的是这里有几个新的问题。例如，每一种粒子都有它的反粒子：一个电子有一个正电子，一个质子有一个反质子。我们能够在原则上制造出所谓反物质，其中每一个原子都是由相应的反粒子结合在一起组成的。氢原子是一个质子和一个电子；如果我们拿一个带负电的反质子和一个正电子放到一起，它们也会成为一种类似氢原子的东西，一个反氢原子。反氢原子事实上从来不曾做出来过[1]，但已经设想过在原则上它是能够行得通的，并且我们原则上也能够按同样的方式制造出所有种类的反物质。现在我们要问的是，反物质是以同物质一样的方式运作吗？就我们所知确实如此。对称性定

1　1995 年第一次在实验室中观察到反氢原子。——译注

律之一是，如果我们用反物质制成了什么东西，那么它的行为方式会同我们用相应的物质制造的东西一样。当然，如果反物质同相应的物质碰到一起，它们就会互相湮灭，并且发出火花。

人们总是相信，物质和反物质具有同样的一些定律。然而，现在我们知道左和右的对称性看来是错的，由此引起了一个重要的问题。如果我们观察中子的蜕变，但是在反物质世界之中——一颗反中子变成一颗反质子加上一颗反电子（亦称为正电子），再加上一颗中微子——问题是，它是否表现出同样方式的行为——这指的是，出射的正电子是否也按左手螺纹旋转呢，抑或它表现出另一种方式的行为呢？直到几个月之前我们还相信它表现出相反方式的行为，即反物质（正电子）是右旋的而物质（电子）是左旋的。在那种情况下，我们真的无法向火星人讲述什么是左和什么是右，因为可能碰巧他是由反物质做成的，当他做实验时，他的电子会是正电子，于是它们会以错误的方式自转，并且他会把心脏放到错误的一侧。假定你打电话给火星人，告诉他怎么样去制造出一个人；他造出来了，并且成活了。然后你对他说明我们所有的社会约定。最后，在他告诉了你怎样去建造一艘高效率的宇宙飞船之后，你就乘上它去会见那个火星人，然后你向他走去，再伸出你的右手去同他握手。如果他也伸出他的右手，那就说明一切都没有问题，但是如果他伸出的是左手，当心啊……你们两个就会彼此湮灭！

我很想再同你们多讲几种对称性，但那些对称性都更加复杂而难以说明。还有一些十分有意思的事情，它们就是近似对称性。例如，我们能够区别左和右这一事实，有一个值得注意的地方，就是我们仅仅能够在一种非常微弱的效应，即以 β 衰变为代表的过程里做到这一点。这意味着自然界有 99.99％ 是不能够区分左与右的，而只有那么一小块区域，一类微小的特征现象是完全不同的，它是绝对不对称的。这是自然界的一个奥秘，还没有谁对此想出一点点线索来。

第5章 过去与未来的区分

每一个人都明白，世界上的各种现象显然都是不可逆转的。我的意思是已经发生了的事情就不会以另一种方式发生。你把一只杯子摔到地上，杯子就打碎了，然后你可以长时间坐在那里，等待那些碎片重新结合起来，并且跳起来回到你的手里。如果你观看海边的波涛卷起浪花，你也可以站在那里等候那些水泡重新聚集到一起，升到海面之上，然后坠落下来离岸而去的伟大时刻——那真是一幅奇妙的美景！

在讲演中演示这样的情景，通常是运用你拍摄的电影片段，然后倒过来放映，那么就会赢得满堂的笑声了。听众们之所以发笑，只是因为那是在现实世界里不可能发生的事。但实际上举出那样一些关于过去和未来的明显和深刻的差别，并不是一种那么有力的论证方式，因为即使没有做过实验，我们对于过去和未来的内心体验也是完全不同的。我们能够记得过去，但我们不能够记忆未来。我们对于什么会发生的意识，与对于什么可能已经发生的意识是不相同的。从心理学上看，过去和未来是完全不同的，我们具有记忆和表面上的自由意志，这指的是我们觉得我们能够做些什么去影响未来，但我们当中没有人，或者只有很少人相信我们能够做点什么事情来影响过去。懊悔、遗憾、希望，等等，所有这些词语都明显地把过去和未来完全区分开来。

如果世界是由原子组成的，而且我们也是由原子组成的并且遵从物

96

理学的定律，那么，对于过去和未来的这一显著区别，以及对于所有现象的这种不可逆性的最明显解释，就是某些定律，某些原子的运动定律是单向进行的——即原子的定律是不能够双向进行的。应当在过程中的什么地方存在着某种原理，使得只能够由尤克斯利做成乌克斯利[1]，而绝不能反过来，因而世界就总是从尤克斯利的特征转化为乌克斯利的特征，而这种事物之间相互作用的单向往来，就是使得世界的全部现象看来都朝着一个方向演进的原因。

但我们还没有发现这样的原理。那就是说，在我们迄今已经发现的所有物理学定律里，看来对过去和未来没有任何区别。电影可以正着放也可以反着放，物理学家看到了是不会发笑的。

让我们还是拿引力定律作为我们的标准例子。如果我有一个太阳和一颗行星，而我开始时让行星在离开太阳的某一处沿着某个方向环绕着太阳运行，接着我拍摄了一段电影，然后把这段电影倒过来放，我们会看到些什么呢？行星环绕着太阳运行，当然是沿着相反的方向，仍然维持在一个椭圆轨道上的运动。行星的速率使得其半径在相等的时间里总是扫过相等的面积。事实上它完全按照它所应该做的那样运行。它不能够与其他的运行方式区别开来。因而引力定律属于那种运行方向不会引起差别的定律；如果你把仅仅涉及引力的任意现象拍成电影再倒过来放映，那么看起来也是完全令人满意的。你还可以按照这种方式做得更加精细。假使在一个更加复杂的系统里的所有粒子的速度突然间倒转了方向，那么事情的进行就会像把原来卷紧了的东西一步一步地解开来一样。如果你有一大堆粒子进行着某种过程，那么当你突然倒转了速度的时候，它们就会倒转过来进行原来的过程。

在这条引力定律里说，速度的改变是力作用的结果。如果我把时间

1　尤克斯利（uxley）和乌克斯利（wuxley）是费曼生造的两个单词，音译如上。——译注

逆转，力并没有改变，因而在相应的距离上的速度没有改变。因此，其后速度的变化次序，完全依照原来的次序反过来进行，于是就容易证明引力定律是可以做时间逆转的。

电磁学定律又怎么样呢？时间可逆转。核相互作用的定律呢？就我们所知而言是时间可逆转的。我们先前有一次谈到过的 β 衰变呢？也是时间可逆转的吗？在几个月前的实验中遇到的困难，显示出有某种问题，定律中有某种未知的东西，提出了事实上在 β 衰变里也会是时间不可逆转的，而我们还需要等待更多的实验来弄明白这一点[1]。但至少下面这种说法是对的。在最常见的情况下，可能是时间可逆转也可能是时间不可逆转的 β 衰变，是一种非常不重要的现象。我对你们讲到的可能性并不依赖于 β 衰变，虽然它确实依赖于化学作用，依赖于电力，现时看来同核力关系不大，但它也依赖于引力。但我是有偏向的——我在讲话时，发出的声音传到空气之中，而当我张开口的时候它不会倒吸进我的嘴里——这种不可逆性同 β 衰变挂不上钩。换句话说，我们相信由原子运动产生的、世界上绝大多数日常的现象，是由能够把时间完全逆转的那些定律支配的。因此我们要看深入一些，找出不可逆性的由来。

如果我们仔细地注视我们的行星环绕太阳的运动，我们很快会发现那不是完全对头的。例如，地球绕着它自己的轴的转动是逐渐变慢的。那是由于潮汐的摩擦，并且你会看到摩擦是某种不可逆转的东西。如果我放一块重物在地板上，然后推它，它将会滑动，然后停下来。如果我站在那里等候，它不会突然起动并且加速，然后回到我的手里。因而摩擦效应看来是不可逆转的。但是，正如我们在另一次讲座里讨论过的那样，一种摩擦效应是重物同木地板的相互作用，同其中原子的摇晃相关的一种非常复杂的效应。重物的有规则运动转化为木板中的原子的无规

---

1 后来的实验证实了在弱作用过程中，例如在中性 K 介子的衰变过程中，确有微小的时间逆转不守恒的效应。——译注

则的晃动。因此我们应当更进一步去观察。

　　事实上，我们在这里有了表观上的不可逆性的线索了。我要举一个简单的例子。假定我们把掺了墨水的蓝色的水和没有掺墨水的清水放在一个缸里，中间有一块薄隔板，然后我们小心翼翼地把隔板拿走。缸里的水开始的时候是泾渭分明的，一边是蓝色的，另一边是清水。等一会儿，蓝色的水逐渐同清水混合，过了不久，缸里的水变成"浅蓝"色，我指的是一种五十对五十的混合，色素完全均匀地分布开来了。现在如果我们等着并且长时间守候，它不会自行分离。（你能够做某些事情使得蓝色重新分离出来。你可以把水蒸发，再将水蒸气凝结起来放好，并且收集起那些蓝色染料，然后把它溶解到一半的冷凝水里，这样就将事情还原了。但当你这样做你所有的事情的时候，你自己会引起在别处的一些不可逆的现象。）靠它自己是不会自动还原的。

　　这给了我们一种提示，让我们注视那些分子。假定我们拍摄了蓝色的水和清水混合的一段电影。如果我们把它倒过来放映，看起来就会是很滑稽的，因为我们开始的时候有混合均匀的水液，然后逐渐分离开来，那确实是非常古怪的。现在我们把图像放大，使得每一位物理学家都可以看到一个一个的原子，以发现到底是什么造成不可逆性——是什么地方过去和未来的平衡被破坏了。好了，你开始了，你注视着画面。你有两种不同的原子（听起来真好笑，但是让我们称呼它们为白原子和蓝原子），它们总是在做摇摆不停的热运动。假使我们在开始的时候，初始的状态应当是绝大多数的一种原子在一边，而另一种原子则在另一边。然后这些原子，成千上万的原子到处摇晃，并且如果我们开始的时候让所有的一种原子处在一边，另一种原子处在另一边，我们看到在它们不停地无规则运动中，它们将达到混合，而这就是水逐渐从不均匀变成均匀的蓝色的原因。

　　让我们观察从画面中选取的任意一次原子碰撞，在影片里各个原子沿着某一方向碰到一起又沿另一方向反弹开来。现在把这一段影片倒过来放映，你会发现那对分子沿着另一方向碰到一起又沿某一方向反弹开来。而物理学家以他敏锐的眼光看到了这种过程，并且测量了每一个变量，最后说，"一切正常，那是符合物理学定律的。如果两个分子沿着这一方向来，就会沿着那个方向反弹"。它是可逆的。分子碰撞的定律是可逆的。

因此，如果你过分着重于细节，你就完全不能明白这种现象，因为每一次碰撞都是绝对可逆的，并且虽然整部影片表现出某种不合理的东西，就是说在倒着放映的影片里，各个分子开始的时候是混合在一起的——蓝的，白的，蓝的，白的，蓝的，白的——而当过了一段时间之后，通过所有的那些碰撞，蓝分子同白分子分离开来了。但它们是做不到那个样子的，而生命的偶然出现则应当是蓝分子自行同白分子分离开来，那是一种不自然的过程。而且如果你非常仔细地观察这一段倒着放的影片，那每一次碰撞又都是没有问题的。

好了，你明白了整个事情就是，不可逆性是由生命的一般偶然性引起的。如果你从一堆分开了的东西开始，然后进行一系列不规则的变化，它确实会变得更均匀。但如果你从均匀的东西开始，然后你进行不规则的变化，它不会分开来。它确实是能够分开来的。分子互相碰撞反弹使得它们分离开来，那并不违反物理学定律。那只是没有什么可能罢了。在100万年里它是不会发生的。那就是答案。事情不可逆的意思只是，它很可能按照一种方向进行，而按另一种方向进行，虽然按物理学定律是有可能的，但在100万年里是不会发生的。那就好比如果你坐在那里足够长的时间，希望看到原子的摇晃会把墨水和清水的均匀混合液分离成墨水在一边而清水在另一边那样的荒唐事。

现在在我的实验里放上一个盒子，使得在盒子里每一种分子只有四个或者五个，过了一段时间它们就会混合起来。但我想你会相信，如果你一直守候着这些分子的永恒的不规则运动，那么在某一段时间之后——不必到 100 万年，可能只要 1 年——你就会看到它们会偶然在一定程度上回到了它们起初的状态，至少是如果我在盒子中间放上一块隔板的话，所有的白分子会在一边，而所有的蓝分子则在另一边。这并不是不可能的。然而，我们所处理的实际对象不是只有 4 个或者 5 个蓝分子和白分子。它们具有的分子数目有 4 亿亿亿到 5 亿亿亿个那么多[1]，那些分子都要像上面所说的那样分离开来。因而，自然界表面上的不可逆性不必来自基本物理学定律的不可逆性；它来自这样的一种特征，如果你从一个有序的系统开始的话，而自然界具有的不规则性就会通过分子的碰撞反弹使得事情往一个方向演进。

因此下一个问题就是，它们一开始是怎样处在有序状态的呢？也就是说，为什么有可能从有序的状态开始呢？困难在于，我们从一个有序的东西开始，而我们并不以一个有序的东西结束。世界的规则之一是事物总是从一种有序的状况演进到一种无序的状况。顺便说说，有序这个词，像无序一样，是物理学里那些与日常生活里的意思不尽相同的词汇当中的又一个例子。有序不一定是作为人类的你们会感兴趣的东西，它仅仅指有一种确定的状况，所有的一种东西在一边而所有的另一种东西在另一边，或者这两种东西混合起来了——那就是有序和无序。

那么，问题是事物在开始的时候是怎样成为有序的呢？以及为什么当我们看到任何只是部分有序的普通状况时，我们都能判定它可能是从一种更加有序的状况演进而来的呢？如果我们看着一缸水，其中一边是深蓝色的而另一边是清净的水，并且中间带着浅蓝色，并且我知道那东西已经单独放在那里有 20 或者 30 分钟了，那么我就会猜到它变成这个样子是因为原先它是分离得更加彻底的。如果我等候得更久一些，那么

---

1 1 亿亿亿 = 10^{24}，相当于阿伏伽德罗常数的量级。——译注

蓝色的水和清水将会进一步互相混合，如果我知道这个东西已经单独放置足够长的时间的话，我就能判定过去的某种状况。事实上它的两边显得"平滑"过渡，只能是由于它在过去分离得更加鲜明的缘故，假使它过去不是分离得更加鲜明，那么从那时以后，它将会变得比它现在混合得更加均匀。因而我们就有可能从现在推知过去的某种情况。

事实上，物理学家们通常并不沿这一方向做得很多。物理学家们喜欢想，你们要做的只是说，"现在有这些条件，那么下面会发生些什么呢？"但所有我们的科学家都有一个完全不同的问题：事实上在历史学、地理学、天文学史等所有研究其他东西的学科，都有一个这样另一类的问题。我发现他们有能力做出与物理学家完全不同类型的预言。一名物理学家说，"这种条件下，我会告诉你下面会发生什么。"但一名地理学家则会说这一类的话，"我掘开地下，然后我发现了某种骨头。我预言如果你掘下去的话，你就会发现一种类似的骨头。"历史学家，虽然他谈论的是过去，但也能通过谈论未来来做这件事。当他说法国大革命于 1789 年发生，他的意思是如果你读到另一本有关法国大革命的书，那么你将会看到同一个年份。他所做的是做出某种他以前从来不曾见到过的东西，以及某些尚待发现的文件的预言。他预言在写着某些有关拿破仑事情的文件里的内容将会与在其他的文件里写的内容相符合。问题是怎么样能够如此呢——而使得那样成为可能的唯一途径，看来是世界的过去在这种意义上要比现在更加有组织得多。

某些人曾经提出，世界是通过这样的途径变得有序的。一开始的时候整个世界只有不规则的运动，就像混合的水液一样。我们看到过，如果你等候的时间足够长，在只有几个原子的情况下，水会偶然地变得分离开来。某些物理学家（一个世纪之前）提出说，发生这样的情况，全是由于世界这个不停运行的系统发生着涨落的缘故。（那是用来描写稍微偏离通常的均匀状况的一个术语。）它在涨落，而现在我们正守候着它通过涨落重新恢复自己。你会说："但你要等候多久方才看得到这样的涨落呢？"我知道，但如果没有发生过那么凑巧的涨落，使进化得以进行，使一名有智慧的人得以诞生，我们本来也不会注意到这件事。因而我们就是要一直守候住，直到我们能够活着见得到那样的涨落——我们至少要有那么大的一种涨落。但我相信这种理论是不正确的。我想，由于以下的原因，它是一种荒谬的理论。假使世界更大一些，并且各个原子充满着每一处地方，从一种均匀混合的原始状态开始，那么假设我碰巧只能够看到在一个地方的原子，并且发现那里的原子都分离开来了，我还是没有办法判定在任何别的地方的原子也都分离开来了。事实上，假使事情确是一种涨落，并且我注意到有一处地方出现某些奇怪的东西，那么最可能的情况是在别的任何地方都没有奇怪的事情发生。那就是说，我需要找到一些偏差，使得情况失去平衡，但你是找不到那么多的偏差的。在蓝色的水和清水的实验里，当最终盒子里的几个分子都分离开来的时候，最有可能的情况是水的其余部分仍然是混合起来的。因此，虽然当我们注视天上的群星和我们注视这个世界的时候，我们看到的是每一样东西都是有序的，假使真有一种涨落，就会预言说如果我们注视一处以前从来没有视察过的地方，就会看到它是无序而杂乱的。虽然我们所看到过的物质分离成炽热的群星和寒冷的空间，假使这种状况确是一种涨落的话，那么我们就会期望在我们没有看到过的地方发现群星与空间并没有分离开来。并且由于我们总是预言说在我们没有看到过的地方将会看到处在相似条件下的群星，或者发现关于拿破仑的同样陈述，或者将会看到与我们以前看到过的骨头相像的一些骨头，所有那些学科里预言的成功都指示着世界并不是来自涨落，而是来自一种过去比现在更加分离，更加有组织的状况。因此我觉得有必要在物理学定律之外加上一条假设，在技术性意义上，宇宙的过去比今天更加有序——我想这是令不可逆性有意义，并且使它得到理解所必需的一条额外的陈述。

这样一条陈述本身当然在时间上是有偏向的；它说过去的某些东西是与将来不同的。但它来自我们通常称为物理学定律的范围之外，因为我们今天试图区别支配着宇宙发展的规则的那些物理学定律的陈述与描述世界过去状况的定律。后者被认为是属于天文学的历史——也许有朝一日它也会成为物理学定律的一部分。

现在我想要讲述不可逆性的几种有趣的性质。其中之一是认真地看看，一种不可逆的机械到底是怎样运作的。

假定我们建造了某种东西，我们知道它应当是只能够单向运作的。实际上我们要建造的是一个带有棘齿的轮子——轮子周边满是锯齿，锯齿的一边成尖锐的角度，而另一边则相对平缓。这个叫作棘轮的轮子安装在一根转轴上，它同一只小棘爪配合，棘爪安装在一根枢轴上，并有一根弹簧向下拉住它（图 26）。

图 26

现在轮子只能够单方向转动了。如果你试图反过来转它，那些棘齿的尖角部分卡住棘爪，棘轮就动不了；而如果你按另一方向转动棘轮，那么棘爪正好嘀嗒嘀嗒地跳过一个又一个的锯齿。（你晓得这一类的东西：在时钟里运用着棘轮机构，并且在手表内部也有这一类的东西，使你在上发条的时候只能单方向拧转。）在只能够单方向转动的意义上，棘轮是完全不可逆的。

104

现在，已经有人想出来，这种不可逆的机械，这种只能够单方向转动的轮子，可以用来做一件非常有用和有趣的事情[1]。正如你所知道的那样，分子有一种永恒的不规则运动，并且如果你利用这一性质建造了一种非常精巧的器械，它就会由于它所受到的附近空气分子的不规则撞击而总是在摇晃着。好了，那是一种非常聪明的想法，在一套棘轮机构的转轴上装上四块叶片（图 27）。这些叶片装在一个充有空气的盒子里面，它们就总是受到空气分子不规则的撞击，使得叶片时而被推向一边，时而被推向另一边。但当叶片被推向一边时，这件东西被棘爪卡住了，而当叶片被推向另一边时，它就会转起来，因而我们发现轮子会永恒地转动下去，于是我们就得到了一种永恒运动的机械。那是因为棘轮机构是不可逆的缘故。

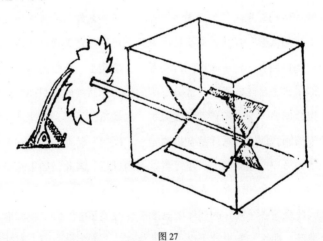

图 27

但是，事实上我们必须更加仔细地考察这些东西。这一套装置工作的方式是那样的，当轮子向一个方向转动的时候它先把棘爪顶起来，然后棘爪跳落下去抵住棘齿的底部。然后它会再反弹起来，并且如果它具

---

1 参看《费曼物理学讲义》第一卷第 46 章。——译注

有理想的弹性，它就会一直反弹，反弹，反弹，而仅当棘爪偶尔跳得太高时轮子才会朝另一方向转动。因而这样就不灵了，除非当棘爪落下来时它被挡住了，或者停住了，或者反弹再切入。如果它反弹再切入，就必定有我们称之为阻尼或者摩擦的效应，并且在落下再反弹再停住这种唯一使得它能够单方向转动的过程中，由于摩擦会产生热量，因而轮子就会变得越来越热。然而，当轮子变得很热时就会发生别的事情。那正是布朗运动，即由于围绕着叶片的空气分子的不规则运动所产生的效应，因此，不管棘轮和棘爪是由什么材料做成的，也不管它们是由什么部件组成的，都要变得更热，并且开始以一种更加不规则的方式来运动。当棘轮变得那么热的时候，棘爪就会由于它内部的分子运动而只是简单地上下晃动，并且它由于分子运动而在轮子上跳上跳下，这就好像使得叶片转动起来所受到的撞击一样。棘爪在棘轮上跳上跳下，往上跳和往下跳的次数一样多，那么那些棘齿就可以随便朝哪一个方向转动了。我们不再拥有一台单向运动的装置了。事实上，事情还可以反过来驱动！如果轮子是热的而叶片部分是冷的话，你认为应当只能单向转动的轮子也会朝另一个方向转动，因为每一次棘爪落下时，它是落在棘轮的一个齿的倾斜面上，这样就会推动轮子"反向"转动。然后它会再跳起来，落到另一个倾斜面上，<u>重复着以上的过程</u>。因此，如果轮子比叶片热的话，它就会朝错误的方向转动。

这同环绕着各个叶片的气体的温度有什么关系呢？假定我们根本没有那个部件，那么，如果轮子由于棘爪落到一个齿的倾斜面上而被推动了的话，接着要发生的一件事就是齿的垂直边会弹跳起来离开棘爪，轮子就会弹跳回去了。为了防止轮子弹跳回去，我们在它上面装一个阻尼器，并且把各个叶片放在空气中，因此它会迟缓下来，不再自由地弹跳。那么它就会单方向转动了，不过是按错误的方向，于是结果就明白了，不管你怎么样设计它，如果一边比较热，轮子就会朝一个方向单方向转动，而如果另一边比较热，轮子就会朝另一个方向单方向转动。但在两边之间发生热交换之后，一切都平静下来了，因而叶片和轮子都处在同一温度，按照平均的效应，它不再朝一个方向转动，也不再朝另一个方向转动。这就是只要存在着不平衡，只要一边比另一边平静一些，或者一边比另一边冷一些，自然现象就会按照一种技术性方式单方向发生。

能量的守恒会令人想到，我们想要多少能量就可以有多少。自然界永不损失也不增殖能量。然而，例如海洋的能量，在海水里所有原子热运动的能量，实际上是不能够被我们利用的。为了使得那种能量组织起来，集合起来，以至于可以被我们所利用，需要存在一种温度上的差别，否则我们将会发现虽然有能量而我们不能够利用它。能量与能量的可利用性之间存在着巨大的差异。海水含有非常大量的能量，但无法被我们所利用。

能量的守恒意味着世界的总能量保持相同的数量。但在不规则的摇晃之中，那种能量能够在某种情况下分布得那么均匀，使得没有办法使过程朝某一方向而不是另一方向进行，没有办法对过程的方向实施任何控制。

我想通过一种比拟能够对这种困难给出一点说明。我不知道你是否有过这样的经验——而我是有过的——拿着几条毛巾坐在海滩上，突然下起了倾盆大雨。你尽快地抓起那些毛巾，跑到更衣室里去。于是你开始擦干你自己，然后你发现这条毛巾有一点湿了，但它还是比你的身体要干。你继续用这一条毛巾擦身，直到你发现它湿透了——它在擦干你的同时也在打湿你，打湿的水分同擦干的一样多——于是你就换另一条毛巾来用；过了不多久你就发现一件可怕的事情——所有的毛巾都弄湿了，同你一样湿。即使你有许多条毛巾，也没有办法变得更干了，因为那些毛巾湿得同你自己一样，润湿的程度没有差别。我想发明一个量，我叫它作"除掉水分的难易程度"。毛巾具有同你一样的除水难易程度，因而当你用毛巾擦拭你自己的时候，从毛巾流向你的水分同从你流向毛巾的水分一样多。那并不意味着在毛巾上和在你身上的水一般多——一条大毛巾比一条小毛巾蓄存的水更多——但它们具有同样的湿润程度。当样样东西都达到了相同的湿润程度时，你做任何事情都是无济于事的。

现在，水就好像能量一样，因为水的总量是不变的。（如果更衣室的门敞开着，并且你能够跑到阳光下面去晒干，或者找得到另一条毛巾，那你就可以脱离困境了，但我们假定什么东西都是关起来的，并且你不能够丢掉这些毛巾或者得到任何新的毛巾。）同样地，如果你设想世界的一部分是封闭的，并且等待足够长的时间，那么在世界上发生的各次偶然事件中，能量像水一样会均匀地分布到所有各个部分，直到没有什么东西是单方向变化的了，世界上再也没有什么我们经历到的东西会激起真正的兴趣了。

因而，在棘轮和棘爪以及叶片的这个不涉及其他东西的局限情况中，两边的温度渐趋相同，而轮子不再朝一边也不再朝另一边转动。同样的情况是，如果你足够长久地不触动任何系统，它就会使得其中的能量完全混合起来，于是没有什么能量是真正可以用来做任何事情了。

顺便提到，对应于润湿度或者"除掉水分的难易程度"的那个量叫作温度，虽然我说当两个东西温度相同时就达到了平衡，那并不意味着两者所含的能量相同；那只是意味着从一件东西提取能量是与从另一件东西提取能量同样容易的。温度就像是一种"取用能量的难易程度"。因而如果你把两件这样的东西靠着放在一起，表面上看来什么也没有发生；它们互相之间传递等量的能量，但净的结果是零。因此，当每件东西都具有相同的温度时，就再没有什么能量可以用来做任何事情了。不可逆性的原理是，如果不同的东西处在不同的温度，并且让它们自己留在那里，那么在时间流逝的过程中，它们就会变得越来越趋于同一温度，而能量的可利用性则总是在减小。

这一规律是所谓熵增加定律的另一个名称，它说的是熵总是在增加着。但绝不要计较那些术语；用另一种方式表达，能量的可利用性总是在减小。而那是这个世界的一种特征，这指的是它是由于分子不规则运动的混乱所导致的结果。如果不触动一些不同温度的东西，那么它们就会趋于相同的温度。如果你有两件处在相同温度的东西，就像一锅水和一个没有点火的普通炉子，那么水不会凝结而炉子也不会变热。但如果你有一个火热的炉子和一块冰，那就会是别的样子了。因而单方向性总是同能量可利用性的损失联系在一起的。

以上就是我对这个题目所要讲的全部内容，但我还想要对有关的一些特征做几点说明。我们这里有一个例子，其中一种明显的效应，不可逆性，不是物理学定律的一种直接结果，而事实上是离开那些基本定律相当远的。要通过一大套分析才能明白它的理由。这种效应对于世界经济，对于世界上所有明显表现出来的事物的实际行为，都是有头等重要意义的。我的记忆，我的特性，过去和将来之间的差别，都深深地同它相关，然而对它的理解并不是了解了那些定律就可以轻易达到的。要通过一大套分析才做得到。

常常有这样的情况，物理学定律并不具有一种与经验明显的直接相关性，但它们是在不同的程度上从经验抽象出来的。在这一特殊的情况下，定律是可逆的而现象并不如此，这就是一个例子。

在具体的定律同真实现象的主要方面之间，常常有巨大的差距。例如，如果你从远距离观看一道冰河，看到一些巨大的石块跌落海里，看到冰块漂移的方式，如此等等，那么记不记得它是由一些微小的六角形冰晶组成的似乎是无关紧要的。虽然如果在这方面懂得了足够的知识，那么冰河的运动事实上是六角形冰晶的特性的结果。但要花费许多时间来了解冰河的所有行为（事实上还没有人对冰有充分的了解，尽管他们对晶体研究得那么多）。然而，希望在于，如果我们确实了解了冰的晶体，我们就终将了解冰河的一切。

事实上，虽然我们在上面的几章里谈到了物理学定律的基本性质，我还是必须立刻说，我们通过掌握了我们今天所知道的各种基本定律，还是不能够直接地得到对于更多的任何东西的了解。那需要花费时间，并且即使那样，也只能得到部分的了解。事实上，自然界看来是这样设计的，真实世界中最重要的东西，看起来就像是一大批定律共同起作用的一种复杂的偶然结果。

说说一个例子，含有质子和中子等几种核粒子的原子核是非常复杂的。它们具有我们称之为能级的状态，也就是说它们可以处在不同能量值的一些状态，而不同的原子核具有不同的能级分布。要求出各个能级的位置是一个复杂的数学问题，我们今天仅仅能够部分地解决这一问题。各个能级的准确位置显然是一种极为复杂的机制的结果，因而，例如含有 15 颗核粒子的氮核，恰好具有 2.4 兆电子伏特的一个能级和 7.1 电子伏特的另一个能级等的这一事实，并没有什么特别的神秘。但是，关于自然界的一件惊人的事情是，整个宇宙在它的特性上，精确地依赖于宇宙特别的原子核的一个特定的能级的位置。在碳 12 核里，碰巧有一个 7.82 兆电子伏特的能级。而且它制造了世界上的一切差别。

事情是这样的。如果我们从氢开始，并且看起来世界在开始的时候事实上全部都是氢，然后当氢核在引力作用下碰到一起，并且变热了，就会发生核反应，于是就能够形成氦核，然后氦又仅仅能够部分地同氢结合而产生另外几种稍微重一点的元素。但这些较重的元素马上又发生蜕变，变回了氢。因而有一段时期，关于世界上所有其他元素是从哪里来的成为一个巨大的奥秘，因为在恒星内部从氢开始的那个大熔炉的过程中，不会产生许多氦和其后的五六种轻元素。面对这一状况，霍伊尔和萨尔皮特教授[1]说，有一种方法可以破解这个难题。如果三个氦原子能够结合到一起形成碳，我们就能够容易计算出那种过程在一颗恒星里发生的机会。结果表明，它是永远不会发生的，除非满足一种可能的巧合条件——如果碳核刚好有一个 7.82 兆电子伏特的能级，那么三个氦原子就会碰到一起，并且在它们分开之前停留在一起的时间，会比如果没有这个 7.82 兆电子伏特的能级的平均停留时间长一点。而当它们在一起停留得稍微长久一点，就会有足够的时间发生别的什么事，产生别的元素。如果碳核有一个 7.82 兆电子伏特的能级，那么我们就能够明白周期表里的所有其他元素是从哪里来的了。于是，通过倒推，即颠倒过来的推理，预言出碳核有一个 7.82 兆电子伏特的能级；后来在实验室里证明了确实如此。因此，世界上所有这些其他元素的存在，密切依赖于碳的这一特定的能级。但在知道了物理学定律的我们看来，碳的这一特定能级乃是 12 个粒子复杂相互作用的一种非常复杂的巧合。这是一个极好的实例，说明了这样的事实，了解了物理学定律，你并不一定就能够直截了当地明白世界上各种事物的意义。真实事物的经验细节，往往同基本定律离得很远。

当我们谈到各种等级体系或者不同的层次时，我们就有了讨论世界的一种方式了。噢，我不是说要十分精确地把世界划分为一些确定的层次，但我要通过描述一组概念来指出，我说的概念的等级体系是什么意思。

例如，我们掌握了物理学的各种基本定律，然后我们发明了代表一些近似概念的术语，而我们相信它们是能够用基本定律来给出最终解释的。例如，热。热被假定为原子的无规则运动，而讲一个热的物体的热，指的正是大量原子在做无规运动的那种热。不过当我们谈论热时，

1 霍伊尔（Fred Hoyle），英国天文学家，剑桥大学。萨尔皮特（Edwin Salpeter），美国物理学家，康奈尔大学。——原注

有时候忘记了那些原子的无规运动——正如当我们谈论冰河的时候并不总是想到六角形的冰晶以及起初飘落的雪花。同样的事情的另一个例子是一颗食盐晶体。从基本的观点看，它是一大堆质子、中子和电子；但我们有这个"食盐晶体"的概念，它已经承载了有关基本相互作用的整个样式。像压强这样的概念也是一样的。

现在如果我们从这里往上站得更高一些，在另一个层次上我们有了物质的性质——例如代表当光通过某种物质分界面时偏折性质的"折射率"；或者代表水倾向于把它自己聚拢来的"表面张力"，两者都是用数来描写的。我提醒你，我们得要通过几条基本定律才能看出它来自原子间的拉力，如此等等。但我们仍然在说"表面张力"，并且在讨论表面张力的时候不必顾及水内部的机制。

我们继续往上走到等级体系的更高一个层次。水会形成波浪，而且我们还有像风暴那样的东西，"风暴"这个名词代表了许许多多的一批现象，或者一个"太阳黑子"，或者"恒星"，它们都是许多事物的累积。总是想把那些现象回溯到基本的层次，未必是有意义的。事实上我们也做不到，因为我们要升到的层次愈高我们就要经过愈多的中间步骤，而其中每一个步骤都把其中的联系减弱了一点。并且，我们还没有把那些步骤全部想清楚。

当我们在这个复杂性的等级体系中再往上走的时候，我们还会遇到像肌肉抽搐，或者神经脉冲之类的东西，从物理世界的角度看乃是极端复杂的，涉及一种非常精巧而复杂的物质组织形式。于是就会有像"青蛙"那样的东西。

我们接着往上升，我们就会遇到像"人"和"历史"，或者"政治权术"之类的名词和概念，等等，这是我们用来在一个更高的层次上理解事物的一系列概念。

继续往上升，我们就会遇到恶、美和希望……

如果我可以使用宗教上的隐喻的话，哪一头更接近上帝呢？美和希望，还是基本的定律？我想那正确的回答当然是说，我们要看的是事物的整体结构性的相互联系；所有的科学，并且不仅是科学还有所有各种知识的成果，都是为了看到体系中的各个等级之间的联系的努力，包括美同历史的联系，历史同人类心理的联系，人类心理同大脑功能的联系，大脑和神经脉冲的联系，神经脉冲同化学的联系，如此等等，在各个层次中既要上升亦要下降，做出双向的观察。我们今天还不能够从这一事物的一端用心画出一条线，指明同其他东西联系的种种方式，并且即使相信我们能够做得到也没有用，因为我们只是刚刚开始看到了有这样的一种相关的等级体系。

　　而我不认为有哪一头更接近上帝。无论站在哪一头，然后只是离开这道堤岸的这一头，期望沿着那个方向就可以得到完全的理解，不过是一个错误的想法。站在恶和美以及希望这一头，或者站在基本定律这一头，期望只凭这种方式就能够得到对整个世界的深入理解，也是一种错误的想法。一些人专注于一头，而另一些人则专注于另一头，并且互相漠视对方，那也是不明智的。（实际上他们并不那样，但人们总说他们是那样的。）绝大多数的工作者，包括在两头的和在中部的工作者们，他们处在两个层次的中间，把一个层次同另一个层次联系起来，正在全力地增进我们对世界的理解，通过这种方式，我们就能够逐渐理解由互相联系着的各种等级体系构成的这个惊人复杂的世界。

第6章 概率和不确定性——对自然界的量子力学观点

在实验观察的历史，或者对科学事物的其他种类观察的历史的开端乃是直觉，它实际上是以对日常生活所遇到的各种对象的简单经验为基础的，并对那些事物做出了合乎常理的解释。但当我们试图开阔眼界，并且要使得我们对我们所看到的东西做出更加一致的描述的时候，当我们眼界越来越开阔并且看到了一个更大范围内的各种现象的时候，那些解释就从简单的解释变成我们称之为定律的东西了。一种奇异的本性是，那些解释或者定律常常变得越来越不合常理，以及凭着直觉越来越难以弄明白了。举一个例子，在相对论里有这样的命题，如果你认为两个事件在同一时间发生，那不过是你的看法而已，别的什么人则会判定那两个事件的一个是在另一个之前发生，因而同时性仅仅是一种主观的印象。

我们没有什么理由期望事情要按另一种方式发生，因为日常生活的经验都牵涉庞大数目的粒子，或者牵涉很缓慢地运动着的东西，或者受到其他一些特殊的条件的约束，并且事实上仅代表了关于自然界的局部经验。我们从直接经验认识到的只是自然现象的一小部分。只有通过精心的测量和细致的实验，我们才能够拥有更广阔的视野。然后我们就会看到意想不到的事物：我们看到的东西远不是我们所能够猜想得到的——远不是我们原来想象得到的。我们的想像力伸展到了极度，那不是像在小说里那样想象一些现实中不存在的东西，而只是去理解存在着的那些东西。我想要讨论的就是这一类情况。

让我们从光的历史开始。首先假设光的行为非常像一簇粒子或者一簇微粒，就像天上掉下来的一滴滴雨点或者从枪支里发射出来的一颗颗子弹那样。后来，经过进一步的研究弄明白了那是不对的，实际上光的行为像波，例如像水波那样。再后来到了 20 世纪，更进一步的研究发现，实际上光在很多方面的行为是像粒子那样的。在光电效应里你可以一个个地数出这些粒子，现在把它们叫作光子。最初发现电子的时候，它们的行为简单得就像一些粒子或者子弹那样。后来，根据例如电子衍射实验那样的进一步研究表明，它们的行为就像波那样。随着时间的推移，在关于这些东西真的像什么——像波还是像粒子，或者像粒子还是像波的问题上，产生了愈演愈烈的混乱。每一样东西都既像这个，又像那个。

在 1925 年或者 1926 年量子力学的正确方程出现之际，就结束了这一场越来越混乱的局面。现在我们知道电子和光是怎么样运动的了。但是我们应该怎么样描述它们呢？如果我说它们表现得像粒子，我就给出了一个错误的印象；如果我说它们表现得像波，那也是错的。它们按照它们本身的一种无可比拟的方式运动着，在技术上可以把那种方式称为量子力学方式。它们的行为方式不像你们以前看见过的任何东西。你们以前看到过的所有东西的经验是不完全的。在一个非常微小的尺度上的东西的行为简直是完全不同的。一个原子的行为不像悬在一根弹簧上振动着的一个重物；它也不像一个小型的太阳系，其中有一些微小的行星在轨道上运行。它看起来也不像环绕着原子核分布的某种云雾。它的行为不像你曾经看到过的任何东西。

这里至少有一种简化的认识。电子在这一方面的表现，与光子是完全相同的；它们都是古怪的，但以完全相同的方式运动。

因而，我们要做出大量的想象才能弄明白它们是怎么样运动的，因为我们要描述的是同你以往熟悉的任何东西都不相同的对象。由于这一缘故，这一章是我这一系列讲座里最困难的了，因为它是抽象的和远离经验的。我无法逃避这一困难。假使我在讲述物理定律的本性这一系列的讲座中讲不了关于在微小尺度上的粒子的实际行为的描写，我肯定不会来做这件事。这完完全全是自然界里所有粒子的特征，并且是一种普遍的特征，因而如果你要想听听物理定律的本性，讲一讲这个特殊的方面就是非常重要的。

这将会是困难的。但这种困难其实只是一种心理学上的困难，是由于你老是用"但是它怎么会像那个样子呢？"的问题来折磨自己，要按某种熟悉的观念去看待它的一种不由自主可是完全徒劳的愿望的反映。我不会用与某种熟悉的东西的类比来描述它；我将简单直接地描述它。曾经有一段时间，报纸上说只有 12 个人懂得相对论。我不相信真的有那样的一天。可能会有一段时间，只有一个人懂得相对论，因为在他写出他的论文之前，他是掌握它的唯一的一个家伙。但当人们读到了那篇论文，就会有好些人以这样那样的方式理解了相对论，肯定不止 12 个人。另一方面，我想我可以放心地说，没有谁理解量子力学。因而，不必太认真地对待我这一讲座，觉得你真的通过我所描述的某种模型弄懂了什么，你自由自在地欣赏它好了。我将要告诉你，自然界的行为像什么样子。如果你能简单地接受自然界的行为可能就像这个样子，那你就会发现她多么令人愉悦和喜爱。如果你有可能避免的话，不要总是问你自己"但是它怎么会像那个样子呢？"因为那样就会使得你陷进去，钻入一个谁也逃不出来的死胡同里去。谁也不知道它怎么会像那个样子。

好了，现在让我来对你们描述电子和光子以它们典型的量子力学方式所表现出的行为。我要通过类比和对比的混合来做这件事。如果我纯粹用类比来做，我会失败；它必须使用对你所熟悉的东西的类比和对比。因而我通过类比和对比来做这件事，首先讲的是粒子的行为，我将使用子弹做例子；然后讲的是波的行为，我将使用水波做例子。我要做的是设想一种特殊的实验，并且首先告诉你在那个实验里使用粒子会是什么样的状况，然后如果用波做实验你会期望发生什么样的结果，最后当在实验系统里实际做实验的是电子或者光子的时候，又会发生什么样的状况。我将只举出这一个实验，它的设计里已经包含了量子力学的所有奥秘，把你带到那些佯谬和奥秘以及自然界的百分之一百的特点面前。结果表明，对于量子力学里的任意其他情况，总是能够通过说这句话来得到说明：“你记得有两个小孔的实验的情况吗？那是同一回事。”我要告诉你的是关于有两个小孔的实验的情况。它确实包含着普遍性的奥秘；我不回避任何事情；我把自然界以她的最精致和困难的形式揭露出来。

我开始用子弹做实验（图 28）。假定我们有某种发射子弹的源，一挺机关枪，在它前面有一块开了一个可容子弹穿过的孔洞的板子，并且这是一块能抵挡子弹的装甲板。离它相当远处有第二块板子，它的上面有两个小孔——那就是著名的双孔实验装置了。我要对这两个小孔讲得很多，所以我把它们分别叫作孔 1 和孔 2。你可以想象在三维空间里它们是两个圆形的孔洞，图中画出的只是一个横截面。在离它相当远处我们有另一块屏板，它不过是某种挡板，在它上面我们可以在各个不同的

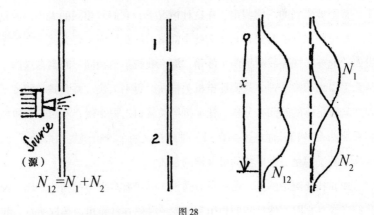

图28

117

部位安放一个探测器，在子弹射击的情况下那就是一个沙箱，子弹会陷入其中，我们就可以对它们计数了。在我要做的实验里，把这个探测器或者沙箱先后放到不同的位置上，我分别数出有多少颗子弹落入沙箱，并且为了描述观察的结果，我要测量出沙箱离开某一处的距离，而且把这一距离叫作"x"，然后我就谈论当你变动"x"的时候会有什么样的结果，而"x"指的仅仅是你把探测器的箱子上下移动的位置。首先我要对实际的子弹做几点改动，使三个方面理想化。第一，机关枪不停摇摆扫射，使得子弹沿着不同的方向射出，而不是仅仅精确地沿着一条直线射出；子弹也可以在装甲板的小孔边沿上发生弹跳。第二，我们要说，虽然这一点不是非常重要，就是子弹都具有相同的速率或者能量。在这种情况下与实际的子弹不同的最重要的理想化之点是，我要求这些子弹都是绝对不可损毁的，使得我们在沙箱里头找到的不是一些铅屑，不是破碎得只有半颗的子弹，我们得到的都是完整的子弹。请想象一些不可摧毁的子弹，或者坚硬的子弹和柔软的挡板。

关于子弹我们要指出的第一点是，这些东西是一整个一整个地到达的。当能量爆发的时候，它集中在一颗子弹上面，砰的一声射出来了。如果你数那些子弹，有一颗、两颗、三颗、四颗子弹；这些东西是一整个一整个地来到的。你假定，在这种情况下，它们有相同的大小，并且当一颗子弹来到的时候，它要么就全部落入沙箱里面，要么就不在沙箱里面。此外，如果我放置两个沙箱，那么我绝不会在同一时刻在这两个沙箱里得到两颗子弹，只要那挺机关枪发射得不太快，并且我在两发子弹之间有足够的时间来分辨。让那挺机关枪射击得很慢，然后非常快地察看那两个沙箱，你绝不会在同一时刻在这两个沙箱里得到两颗子弹，因为一颗子弹是一个单独的可分辨的整体。

现在我要测量的是，在一段时间里，平均有多少子弹到达。比方说我们守候一小时，然后我们数出有多少子弹落在沙箱里，再取平均。我们取每小时里到达的子弹的数目，然后可以把它称为到达概率，因为它正代表着一颗子弹穿过一条狭缝抵达一个特定沙箱的机会[1]。当我改变距离"x"的时候，到达沙箱里的子弹数目当然会发生变化。在图上，我在距离"x"的方向上标出，如果我把沙箱放在每一个位置上一小时，我会得到的子弹的数目。结果我将会得到一条曲线，看起来多少就像曲线 N_{12} 那样，因为当沙箱正对着那些小孔时它会得到许多子弹；而如果放得有点偏了，它就不会得到那么多子弹，因为那些子弹需要在小孔的边沿上反弹才会走偏；最后，当沙箱移远时曲线就消失了。曲线看起来像图上的曲线 N_{12} 那样，我们把当两个小孔都开启时在一小时里得到的子弹数目叫 N_{12}，指的是穿过孔 1 和孔 2 到达的子弹数目。

我必须提醒你，我在图上标出来的数字并不是整数。它可以是随便多大的数。它可以是在一小时里两颗半子弹，尽管事实上子弹是一整个一整个地到达的。我说的每小时两颗半子弹，指的是如果你等候十小时，你会得到二十五颗子弹，因而平均说来每小时就是两颗半了。我肯定你们都熟知这样的笑话，说的是在美国每个家庭平均有两个半孩子。那并不意味着在任何一个家庭里有半个孩子，孩子都是一整个一整个的。无论如何，当你取每个家庭的平均数时，得到的可以是无论什么样的数字，而对现在这个数字 N_{12} 也是一样的，它是每小时落到容器里的子弹数目的平均值，不必是整数。我们测量的是到达的概率，它是一个技术性名词，指的是在一段给定长度的时间内到达的平均数目。

最后，如果我们对曲线 N_{12} 进行分析，我们可以恰好把它解释成两条曲线之和，其中一条曲线我叫作 N_1，它代表的是孔 2 被在前面加上的一小块装甲板封闭的情况，另一条曲线是 N_2，它代表的是孔 1 被封闭，只能够从孔 2 穿过的数目。现在我们发现了一条十分重要的定律，

1　原文大多数场合说的是"小孔"（hole），亦有个别地方说的是"狭缝"（slit），意义其实是相通的，译文依照原文不改。——译注

说的是两个小孔都开启的时候得到的数目，就是穿过孔 1 到达的数目加上穿过孔 2 到达的数目。这一命题，事实上你必须做的全部就是把它们加在一起，我称之为"无干涉"的情况。

$$N_{12}=N_1+N_2（无干涉）$$

这是对子弹的结果，现在我们重新开始做对子弹做过的事情，这回用的是水波（图 29）。现在的源是一大块物料，沉入水中不断摇动。装甲板换成一串驳船或者防波堤，中间开有一道可容水进出的缝隙。或许用细密的波纹比用巨大的海浪来做会更好一些；它听起来更加合理。我用我的手指上下扰动以制造水波，并且我有一小块木头作为一种障碍物，它上面开了一个小孔，可容波纹通过。然后我有第二块障碍板，它上面开有两个小孔；最后有一个探测器。我们用探测器做什么呢？探测器探测的是水晃动的程度。例如，我放一块软木在水面上，然后测量它上下运动的幅度，我们这样测量的事实上就是软木块抖动的能量，它准确地正比于水波所携带的能量。还有另外一点：这种晃动是非常规则和理想的，使得一个一个波纹之间的间隔都是相同的。对水波来说有一点

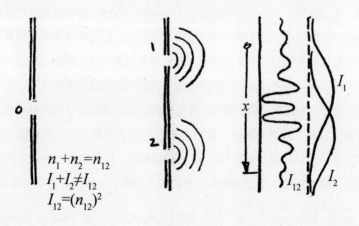

$$n_1+n_2=n_{12}$$
$$I_1+I_2 \neq I_{12}$$
$$I_{12}=(n_{12})^2$$

图 29

是十分重要的，那就是我们要测量的东西能够有完全任意的大小。我们正在测量波动的强度，或者在软木块上的能量，而如果波动是十分平静的，如果我的手指头仅仅轻微地扰动，那么软木块就只有非常轻微的运动。无论它运动的幅度是多大，它的能量都是同水波的能量成正比的。它可以有任意的大小；它不是一整个一整个地到来的；它完全不是要么就有一个要么就什么也没有。

我们正在测量的是波动的强度，精确地讲，是在一点上波动所产生的能量，如果我们测量这一强度会发生什么情况呢？我把这一强度称为"I"[1]，以提醒你它是一种强度而不是任何种类的粒子的数目。在图 29 上画出的曲线 I_{12} 是当两个小孔都开启时的结果。它是一条有趣的，看起来颇为复杂的曲线。如果我把探测器先后放在不同的位置上，我们就得到一条以一种特定方式强烈起伏的强度曲线。你们可能熟悉那种结果的原因。原因是到达的波纹有一部分是从孔 1 传过来的波峰和波谷，有一部分是从孔 2 传过来的波峰和波谷。如果我们所处的位置刚好在两个小孔的中间，使得从两处传来的波动同时抵达，那么那些波峰会一个加到另一个的顶上，于是就会产生更强烈的抖动。在正中心之处，就会有种猛烈的扰动。另一方面，如果我把探测器移到离孔 2 比离孔 1 更远的某一点上，那么从孔 2 传过来的波动就要比从孔 1 传过来的波动稍微晚一点，于是当从孔 1 传来一个波峰的时候，从孔 2 来的波峰还没有抵达，事实上也许从孔 2 来的是一个波谷，使得当水要向上涨的时候它又要向下落，在来自两个小孔的波动的共同影响下，合成起来的结果是它完全不运动，或者实际上什么也没有发生。因此我们在这一处得到的是一个低凹点。然后，如果我们继续把探测器拿远一些，我们就会得到足够的延迟，使得来自两个小孔的波峰又相会在一起了，虽然有一个波峰事实

1　I 是英语名词 intensity（强度）的第一个字母。——译注

上落后了整整一次波动，这样你就再次得到了一个凸出点，然后再是一个低凹点，一个凸出点，一个低凹点……这都取决于那些波峰和波谷"干涉"[1]的方式。在科学上再一次以一种别致的方式使用干涉这个名词。我们能够有我们称为相长干涉的方式，那指的是两列波动的干涉使得强度增加了的情况。重要的事情是 I_{12} 不再是 I_1 加上 I_2，而我们说它表示了相长和相消的干涉。我们能够通过封闭孔 2 得到 I_1 以及封闭孔 1 得到 I_2 来看出 I_1 和 I_2 是什么样子。如果我们封闭了一个小孔，所得到的强度简单地就来自一个小孔通过的波，其中没有干涉，这些曲线都在图 29 上表示出来了。你会注意到 I_1 与 N_1 是相同的，而 I_2 与 N_2 是相同的，但 I_{12} 则与 N_{12} 大不相同。

事实上，曲线 I_{12} 的数学形式是相当有趣的。真实的情况是，我们把水的高度称为 h，那么当两个小孔都开启的时候水的高度 h_{12}，等于从孔 1 开启时你得到的高度 h_1，加上从孔 2 开启时你会得到的高度 h_2。那么，如果从孔 2 来的是一个波谷，水的高度就是负值，会抵消掉从孔 1 来的高度。你可以通过谈论水的高度来表示它，但结果表明，无论在什么情况下，例如在两个小孔都开启的情况下，强度的关系与高度是不一样的，它是同高度的平方成正比的。正是由于我们处理的是一个数的平方这一事实，我们才会得到这些非常有趣的曲线。

$$h_{12} = h_1 + h_2$$
$$但$$
$$I_{12} \neq I_1 + I_2（干涉）$$
$$I_{12} = (h_{12})^2$$
$$I_1 = (h_1)^2$$
$$I_2 = (h_2)^2$$

---

1 干涉的原意指压制和削弱，而物理学里的用法不同，可以是削弱也可以是加强。——译注

这是水的情况。现在我们重新开始，这回讲的是电子（图 30）。

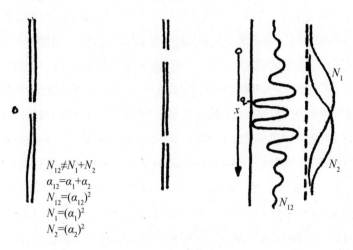

$$N_{12} \neq N_1 + N_2$$
$$\alpha_{12} = \alpha_1 + \alpha_2$$
$$N_{12} = (\alpha_{12})^2$$
$$N_1 = (\alpha_1)^2$$
$$N_2 = (\alpha_2)^2$$

图 30

电子的源是一条炽热的灯丝，并用钨板来做挡板，在钨板上钻了一些小孔，探测器用的是任何有足够灵敏度能够检测出一个到达电子的电荷的电学系统，而不管源的能量有多大。如果你愿意的话，我们可以换用光子来代替电子，用黑色的硬纸来代替钨板——事实上黑纸不很理想，因为纸张的纤维使我们得不到界线分明的孔洞，因而我们要用好一点的东西——而探测器则使用一只光电倍增管以探测单个光子的到达。电子和光子的情况都会发生些什么事呢？我将限于只讲电子的情况，因为光子的情况是完全相同的。

首先，当在电子探测器后面接上一台足够强大的放大器，我们接收到的是咯啦咯啦的声响，是一些整个的信号，绝对是整个的。当咯啦一声来到的时候它有某种大小，而声响的大小总是一样的。如果你把电子的源调得弱一些，那些咯啦声会变得稀疏一些，但它们仍然是同样大小的声响。如果你把源调节得很强，信号会来得很快，以至于放大器被堵塞住了。所以你要把它调节得足够弱，使得对于你的探测器所使用的

123

机制说来，不出现太频密的信号。其次，如果你放另一台探测器在一个不同的位置上，然后倾听两者的信号，你绝不会在同一时刻听到两声"咯啦"，至少是在源足够弱并且你测量时间的精密度足够高的情况下。如果你把源的强度降下来，使得电子到来得少并且一个一个隔得很开，它们就绝不会一次在两个探测器里给出一声"咯啦"。那意味着电子是整个地到达的——它有确定的大小，并且在一个时刻仅仅来到一处位置上。好了，电子或者光子都是一整个一整个地到达了。因此我们能够做的事，同我们对子弹所做过的事是一样的；我们能够测量到达的概率。我们要做的是把探测器放到各个不同的位置上——实际上如果我们不怕花钱的话，我们可以同时用许多探测器放满接收电子的屏板，就可以在瞬时间得到整条曲线——但我们的方法是把探测器先后放到各个位置上，在每一处停留譬如一小时，然后我们测量在一小时结束时有多少电子抵达，我们再对它平均。我们得到的到达电子的数目是怎样的呢？是与用子弹做实验时所得到的 N_{12} 那种类型的曲线吗？图 30 表示出我们所得到的 N_{12} 曲线是怎样的，那是我们在两个小孔都开启的时候所得到的。那是自然界的现象，它所产生的曲线与你在水波的干涉中所得到的相同。它所产生的曲线代表什么？它代表的不是波动的能量，而是这些一颗一颗的电子当中的一个的到达概率。

其中的数学是简单的。你把 I 换成了 N，那么你也要把 h 换成别的什么东西，它是一个新的量——它不是什么东西的高度——因而我们发明了一个 "a"，我们称之为概率振幅，因为我们不知道它是什么意思。在这种情况下，a_1 是电子通过孔 1 到达的概率振幅，而 a_2 是电子通过孔 2 到达的概率振幅。为了得到总的概率振幅，你要把两者加在一起再平方。这是从对波动的描写那里直接模仿过来的，由于我们要得到同样的曲线，因而我们也要用同样的数学方法。

然而，我应当对干涉再讲清楚一点。我还没有说如果我们封闭了小孔当中的一个，会发生些什么事。让我们假定电子是穿过一个小孔或者穿过另一个小孔来到的，并尝试这样来分析这条有趣的曲线。我们先封闭一个孔，然后测量有多少电子穿过孔 1 来到，于是我们就得到了一条简单的曲线 N_1。或者我们封闭另一个孔，然后测量有多少电子穿过孔 2 来到，于是我们就得到了另一条曲线 N_2。但这两种情况加在一起并不给出与 $N_1 + N_2$ 相同的曲线；它确实表现出干涉。事实上，数学关系是由一道有趣的公式给出的，即到达概率是一个振幅的平方，而这个振幅本身又是两部分的和，$N_{12} = (a_1 + a_2)^2$。问题是它怎么能够当电子通过孔 1 时有一种形式的分布，而当电子通过孔 2 时又会有另一种形式的分布，但当两个小孔都开启的时候你所得到分布的并不是两者之和。例如，如果当两个小孔都开启时我把探测器放在图上的 q 点，那么实际上我什么也没有接收到，虽然如果我封上两个小孔当中的一个，我会得到许多电子，并且如果我封上另一个小孔，我也得到不少电子。我让两个小孔都打开的时候什么也得不到；我让它们通过两个小孔过来，而它们却一颗也过不来。或者我们再取图上的中心点，你能够证明在那一点上的曲线高于两条单个小孔的曲线之和。为了解释这一现象，你也许会这样想，如果你足够聪明你就能够论证说，那些电子会以某种方式在那些小孔前后来回穿插，或者它们会做某种更加复杂的事情，或者一个电子分裂成两半然后各自穿过一个小孔，或者类似的什么东西。然而，没有人成功地提出过令人满意的解释，因为所用到的数学终究是十分简单的，曲线也是十分简单的（图 30）。

那么，我要总结说，电子是一整个一整个地到来的，就像粒子那样，但这些一整个一整个地到达的概率，是如同波动的强度那样决定的。正是在这种意义上说，电子的行为有时候像粒子而有时候像波。它在同一时间表现出两种不同的行为（图 31）。

我要讲的都讲了。我还可以给出一种数学描述，告诉你们怎么样求

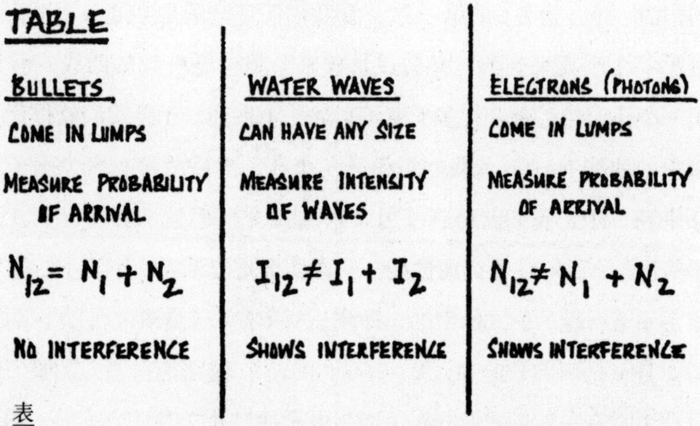

TABLE

BULLETS	WATER WAVES	ELECTRONS (PHOTONS)
COME IN LUMPS	CAN HAVE ANY SIZE	COME IN LUMPS
MEASURE PROBABILITY OF ARRIVAL	MEASURE INTENSITY OF WAVES	MEASURE PROBABILITY OF ARRIVAL
$N_{12} = N_1 + N_2$	$I_{12} \neq I_1 + I_2$	$N_{12} \neq N_1 + N_2$
NO INTERFERENCE	SHOWS INTERFERENCE	SHOWS INTERFERENCE

表

子弹	水波	电子（光子）
一整个一整个地到达	可以有任意大小	一整个一整个地到达
测量到达的概率	测量波的强度	测量到达的概率
$N_{12}=N_1+N_2$	$I_{12} \neq I_1+I_2$	$N_{12} \neq N_1+N_2$
无干涉	表现出干涉	表现出干涉

图 31

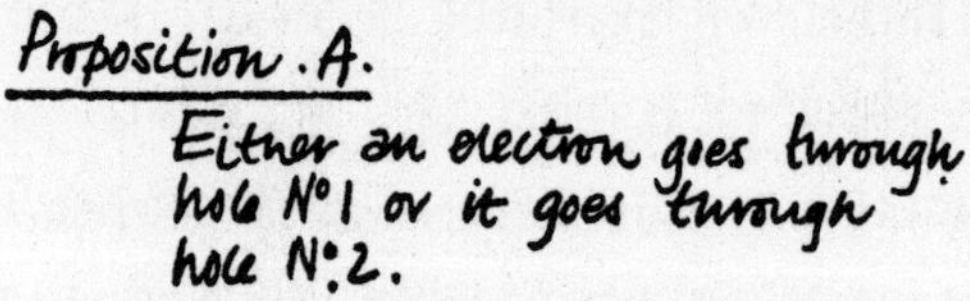

Proposition . A.

Either an electron goes through hole № 1 or it goes through hole № 2.

命题 A

一个电子要么通过孔 1，要么通过孔 2

出电子在任何状况下的到达概率，而在原理上就是这一讲的结束了——只是还有涉及自然界以这种方式运作的几个微妙之处。有几件特殊的事情，而我想要讨论这些特殊性，因为它们在这方面不一定是不言而喻的。

为了讨论这些微妙之处，我们从讨论一条命题开始，我们本来会以为它是合理的，因为这些东西是一整个一整个的。在电子的情况下，由于到来的总是一个完整的电子，一种明显合理的假定就是，一个电子要么就通过孔 1，要么就通过孔 2。看起来非常明显，如果它是一整个的话，它就不可能做出另外的行为。我要来讨论这条命题，因而我给它起个名称，我把它叫作"命题 A"。

现在我们已经初步讨论过当命题 A 成立的时候会发生些什么事。假若一个电子真的是要么通过孔 1，要么通过孔 2，那么到达的电子总数应当可以分成两部分贡献之和。到达的总数将会是通过孔 1 来的数目加上通过孔 2 来的数目。由于结果得到的曲线不能够按这样一种直接的方式简单地分析成两部分之和，并且由于测定在如果只有一个小孔或者另一个小孔也开启的情况下有多少电子到达的实验并不给出总数是这两部分之和的结果，那么我们显然要下结论说这条命题是错了的。如果电子要么就通过孔 1 要么就通过孔 2 是不对的，或许它自己暂时分成两半或者别的什么东西，那么命题 A 错了。那是逻辑。不幸的是，或者说幸好我们能够通过实验来检验逻辑。我们要查明电子要么就通过孔 1 要么就通过孔 2 究竟对不对，或者也许电子会同时穿过两个小孔并且暂时分裂开来，或者别的什么东西。

我们要做的只是观察它们。并且为了观察它们，我们需要光照。因而我们在两个小孔的后面放上一个非常强的光源。光会被电子散射，从电子处反弹开来，因而如果光足够强，当电子通过的时候你就能够看到它们。那么，我们站好了，然后我们注视着当一颗电子被计数的时候我们所看到的，或者在电子被计数之前已经看到了的，是不是在孔 1 的后面发出一下闪光或者在孔 2 的后面发出一下闪光，或者也许在每一处同时发出一种一半的闪光。现在我们要靠目测来查明它是怎样过来的。我们点着那盏灯然后注视着，我们发现每一次在探测器上记下一次数的时候，我们看到或者在孔 1 的后面发出一下闪光或者在孔 2 的后面发出一下闪光。我们所看到的，百分之一百是电子整个地通过孔 1 或者通过孔

2 来到——当我们注视着它从那里过来的时候就是这样。一个佯谬。

让我们在这里把自然界逼到一种困难的境地，我会向你们说明我们要做些什么。我们要让灯一直亮着，然后我们守候着并且数出有多少颗电子穿过来。我们分开两栏来记录，一栏记的是从孔 1 过来的，一栏记的是从孔 2 过来的，然后当每一颗电子到达探测器的时候，我们会在相应的那一栏里记下它是从哪一个小孔过来的。当我们把从探测器在不同位置上时孔 1 那一栏得到的记录通通加在一起，看起来会像什么样子呢？如果我在孔 1 的后面守候，我会看到什么呢？我看到的是曲线 N_1（图 30）。那一栏的分布正如我们所想象的把孔 2 封闭起来时的那样，无论我们是否在注视都是完全一样的。如果我们封闭了孔 2，我们得到的分布是与我们守候着孔 1 所看见的电子到来的分布一样的；类似地，通过孔 2 到达的电子数目也是一条简单的曲线 N_2。现在看，总的到达数目应当是总计的数目。它应当是数目 N_1 加上数目 N_2，因为每一颗过来的电子都已经核对过了，它不是记在栏 1 上就是记在栏 2 上。总的到达数目绝对应当是这两者之和。它应当按 $N_1 + N_2$ 分布。但我说过了，它是按曲线 N_{12} 分布的。不，它是按 $N_1 + N_2$ 分布的。当然，它真的是那样；它应当是那样而它的确是那样的。如果我们把有光照情况下的结果用加了一撇的符号表示，那么我们发现 N_1' 实际上同没有光照时的 N_1 是一样的，而 N_2' 几乎是同 N_2 是一样的。但当灯点亮并且两个小孔都开启的时候我们看到的数目 N_{12}' 等于我们看到通过孔 1 过来的数目加上我们看到通过孔 2 过来的数目。这是当有光照的情况下我们得到的结果。当我点亮或者熄灭光源的时候，会得到不同的结果。如果我点亮光源，分布曲线是 $N_1 + N_2$；如果我熄灭光源，分布曲线是 N_{12}；再点亮光源，它又是 $N_1 + N_2$ 了。因而你看看，自然界陷入困境了！那么，我们可以说，光照影响了结果。在有光照的时候，你会得到与没有光照时不同的结果。你也可以说光照影响了电子的行为。如果你通过这一实验来谈论电子的运动，虽然有点不大精确，你也可以说光照影响了运动，使得那些本来会到达曲线极大值处的电子，因为受到光照的某种影响而偏离了或者错过了，结果落到了极小值处，于是就使得曲线平滑了，产生形状简单得多的曲线 $N_1 + N_2$。

电子是非常娇嫩的。当你们看着一个棒球的时候，你是否用光照着它，不会造成什么差别，棒球仍然沿着一样的路径运动。但当你把光照到一颗电子上时，光使电子受到一下打击，令本来要做一件事的电子改做了另外的事，因为你用光照着它，而对电子来说光是那么强烈。假定我们把光源调节得越来越弱，直到它十分暗淡，然后我们使用能够看到十分暗淡的光的精细探测器，用一束暗淡的光来观察。当光越来越暗淡的时候，你不能够期望非常非常弱的光会那样完全地影响电子，使其分布百分之一百地从 N_{12} 变成 $N_1 + N_2$。当光照一步一步减弱时，它应当越来越像完全没有光照。那么一条曲线怎么样变成另一条呢？但光当然不像水波。光也以一种类似粒子的本性来到，这些粒子叫作光子，当你减弱光的强度的时候，你并没有减弱效应的性质，你只是减少从光源发出的光子的数目。当我减弱光照的时候，我得到越来越少的光子。我能够从电子散射开来的，至少是一颗光子，如果我只有太少的光子，那么当没有光子过来的时候，电子会直接穿过去，在这种情况下我们就看不到那些电子了。结果是，当用非常弱的光照时，我在记录上必须加上标上"没看见"的第三栏。当光照非常强的时候在这一栏里只有很少的记录，而当光照非常弱的时候大多数电子都落到这里了。因而这里有三栏：孔 1、孔 2 和没看见。你们能够想得出发生了什么事。我确实看到的电子是按照曲线 $N_1 + N_2$ 分布的，我没有看到的电子是按照曲线 N_{12} 分布的，当我把光照调节得越来越弱的时候，我看到的电子越来越少，同时有越来越多的电子看不到了。在任何情况下实际的曲线是两者的一种混合，因而当光照减弱时，分布曲线就以一种连续的方式变得越来越

像 N_{12} 了。

你也许会提出许多种能够查明电子从哪一个小孔穿过的不同方法，但我不能够在这里——讨论了。然而，结果总是表明，不可能以任何方式布置光照，使得你能够说出电子从哪一个小孔穿过而不影响电子到达的分布样式，不破坏干涉图样。不仅是光照，而且任何别的东西——不管你用的是什么东西，在原则上都不可能做到这一点。如果你愿意的话，你能够发明出许多方法来说出电子从哪一个小孔穿过，结果表明它总是从这一个或者那一个小孔穿过。但是如果你试图造出那样的仪器，使得它同时并不扰动电子的运动，那么结果就是你不再能够说出电子从哪一个小孔穿过，并且你会再次得到一种复杂的结果。

海森伯在发现量子力学的定律时指出，他所发现的自然界新定律，仅当对我们的实验能力给出一些基本的限制时才能保持融洽一致，而这些限制是先前没有认识到的。换句话说，你不能够在实验上想要多精细就做得到多精细。海森伯提出了他的不确定原理，用我们自己的实验条件去表达是这样的。（他用另一种方式来表达，但两者是完全等同的，并且能够从其中任何一种陈述得出另一种陈述。）"不可能设计出无论什么样的装置，来确定电子从哪一个小孔穿过，而不同时对电子施加足够的扰动，从而破坏其干涉图样。"没有人发明出能够绕过这个困难的一种设备。我肯定你们都在跃跃欲试，想要发明检测电子从哪一个小孔穿过的方法；但如果对其中的每一种方法经过仔细的分析，你将会发现它总会有某种毛病。你也许设想你能够不扰动电子就做得到，但结果表明总是有毛病，而你总是能够找出用来确定电子从哪一个小孔穿过的仪器所产生的扰动导致分布样式发生变化的原因。

这是自然界的基本特性，并且告诉了我们关于每一件东西的某种性质。假若明天发现了一种新的粒子，K 子——实际上 K 子即 K 介子早已发现，但为了给它一个名称让我们这样叫它——并且我用 K 子去同电子相互作用以确定电子从哪一个小孔穿过。我希望我事先已经知道，这种新粒子的行为不是那种可以用来说出电子从哪一个小孔过来而同时不对电子产生扰动，并且使得分布样式从干涉变成无干涉的类型。因而，不确定原理可以用来作为一条普遍的原则，事先就猜到一些未知对象的特性。它们是受到它们类似本性的限制的。

让我们回到我们的命题 A——"电子必定要么就通过这一个小孔，要么就通过那一个小孔"。它对不对？物理学家们有一种方法避免存在着的陷阱。他们采取了如下一些思维规则。如果你有一套装置，能够用来说出电子从哪一个小孔过来（你的确能够有这样一套装置），那么你就能够说出它从这一个小孔还是从另一个小孔过来。电子确实如此，当你在注视着它的时候，它总是从这一个小孔或者从那一个小孔过来。但当你没有用仪器去确定电子从哪一个小孔过来的时候，那么你就不能够说它要么从这一个小孔要么就从那一个小孔过来。（你总是能够那样说它——只要你立刻停止思维并且不由此做出推论来。而物理学家们宁愿不那么说，也不愿在那一刻停止思维。）当你没有在注视的时候下结论说它要么就从这一个小孔要么就从那一个小孔过来，就会产生预言上的错误。如果我们想要说明大自然的现象的话，这就是我们必须走的逻辑上的钢丝。

我正在谈论的这一命题是有普遍意义的。它不仅对两个小孔成立，而且是一条普遍的命题，它可以做如下的陈述。在一个理想实验中的任何事件发生的概率，都是某个东西的平方，在这一情况下我称之为"a"，即概率振幅。而所谓的理想实验，指的是其中每一样东西都尽可能地规定好了的实验。当一个事件可能以几种不同的方式发生的时候，它的概率振幅，这个数"a"，乃是每一种不同的可能方式的"a"之和。如果做了一个能够确定采取哪一种可能的发生方式的实验，事件的概率就被改变了；它变成每一种不同的可能方式的概率之和。那就是，你失去了干涉。

现在的问题是，它真正是怎么样运作的呢？实际上是什么样的机制导致这种事情的产生呢？没有人知道这个机制。没有人能够对这种现象给出比我刚才给出的更加深入的说明；而我做的仅仅是一种描述。他们能够给出一种意义更广泛的说明，指的是他们能够给出更多的例子，表明怎么样不可能说出电子穿过哪一个小孔，而不同时破坏掉干涉图样。他们能够给出更加广泛的一类实验，而不只是双缝干涉实验。但那不过是重复着同样的东西进行推理。那样做只是更广了，而一点也没有更加深入。数学能够被做得更加精确；你能够注意到概率振幅是复数而不是实数，并且还有两三个次要之点，那并不会影响主要的概念。而我所描述的就是那深奥的秘诀，而且今天没有谁能够给出更加深入的说明。

我们迄今计算的都是一颗电子到达的概率。问题是有没有任何一种办法去确定单个电子真正到达的位置？当然我们乐于运用概率论，那是在非常复杂的状况下计算成败机遇的一种方法。我们抛出一颗骰子到空中，然后它会受到各种不同阻力的影响，受到各个原子和所有那些复杂作用的支配，我们完全愿意承认我们对其中的细节所知无多，不足以做出一种决断的预言；因而我们限于计算出事情会按照这一方式或者那一方式发生的机会。但我们在这里所讲的，不是自始至终都是可能性吗，在物理学的基本定律里不都是一些机遇吗？

假定我有一个实验，它设置成在没有光照的时候我能得到干涉的现象。然后我说，即使有光照我也不能够预言一颗电子会通过哪一个小孔过来。我只知道当每一次我注视它的时候它会从这一个或者那一个小孔过来：没有办法事先预言它会从哪一个小孔过来。换句话说，未来是不可预测的。不可能事先凭任何资料以任何方式预言那个东西会走哪一个小孔，或者会在哪一个小孔后面看到它。那意味着物理学已经以某种方式放弃了对状况知道得足够多就能够预言下面将会发生什么事的原则——如果物理学的本来目的是这样的话，而原来每个人都认为是这样的。这里是那些状况：电子源、强光源、开了两个小孔的钨板，告诉我，在哪一个小孔后面我会看到那颗电子？一种理论认为，你不能够说出你正在观察的电子会穿过哪一个小孔的原因是，它是由某种潜藏在电子源里的非常复杂的东西决定的：它有一些内部的转轮、内部的齿轮，如此等等，它们决定它会穿过哪一个小孔；那是一种一半对一半的可能性，因为像一颗骰子一样，它是随机设定的；现在的物理学是不完备的，如果我得到一套足够完备的物理学，那么我就能够预言它会从哪一个小孔过来了。那就是所谓隐变量理论。那不可能是一种真正的理论；我们不可能做出预言，并不是由于缺乏详细了解的缘故。

我说过如果我不用光照就会得到干涉图样。如果我有一种情况，在其中我得到了干涉图样，那么就不可能通过说出电子从孔 1 还是孔 2 穿过的方式来进行分析，因为作为概率分布的干涉曲线是那么简单，它在数学上是同其他两条曲线完全不同的东西。如果我们曾经在有光照的情况下，有可能判定电子从哪一个小孔过来，那么有或者没有光照对它来说都是无所谓了。无论在我们观察的电子源里有怎么样的齿轮机构，并且它允许我们说出那东西是穿过孔 1 还是孔 2 过来，我们本来都可以在没有光照的情况下观察到，因而我们本来是可以说出在没有光照的情况下，每一颗电子是从哪一个小孔过来的。但如果我做得到这一点，结果得到的曲线应当代表穿过孔 1 和穿过孔 2 过来的电子数目之和，但它并不是这样。那么，无论是否有光照，在安排好实验使得它能够产生没有光照的干涉结果的任何状况下，都必定不可能事先有关于电子会从哪里通过的任何资料。这并不是由于我们对那些使得自然界表现出概率性质的内部机构和内部复杂性的无知。那看起来在一定程度上是固有的性质。有人就此这样说过——"甚至自然界自身也不知道电子要走哪一条路"。

一位哲学家有一次说过："科学真正存在所必需的，是在同样的条件下总是产生同样的结果。"好吧，它们却不是这样。你设置好了环境状况，每一次都有相同的条件，而你并不能预测在哪一个小孔的后面会看到电子。可是科学照样向前发展，尽管相同的条件不一定产生相同的结果。我们不能够精确地预言会发生什么事，那使得我们不愉快。顺带说说，你能够想出一种非常严重和危险的状况，并且人类必定可以做到，而你仍然不能预测。例如我们可以炮制出一套方案——我们最好不那样做，但我们是可以做得到的——在方案中我们设置了一只光电管，现在有一颗电子穿过来了，如果我们在小孔 1 的后面看到了电子，它就会触发原子弹并且引发第三次世界大战，而如果我们在小孔 2 的后面看到了电子，我们就进行一些和平试探因而把战争往后延缓。那么，人类的未来就会取决于某种科学所不能预言的东西了。未来是不可预测的。

什么是"科学真正存在"所必需的？自然界的哪些特征是或者不是由一些浮夸不实的预设条件来决定的呢？它们总是由我们运作的物料，由自然界本身来决定的。我们注视着，并且看到了我们所要寻找的东西，而且我们不能够事先成功地说出要发生的事情像个什么样子。结果表明，最合理的可能性并不是那种情况。如果科学要进步，我们需要的是实验的能力，诚实地报告出结果——结果的报告必须不受有些人说他们喜欢结果是什么样子的影响；并且最重要的是需要解释所得到结果的智慧。关于这种智慧的一个重要之点是，不应当事先肯定必然会发生什么事情。可以有成见，说"那是非常不可能的；我不喜欢那样"。成见是同绝对肯定不同的。我不是指那种绝对的成见，而是指一种偏见。若你仅仅带着偏见，那并不要紧，因为如果你的偏见错了，种种实验结果的不断积累会不断地烦扰你，直到它们不能被置之不理为止。只有你事先绝对地肯定科学要有某些预设条件，才能够对它们置之不理。事实上，科学真正存在所必需的，是在思想上不承认自然界必须满足像我们的哲学家所主张的那些先入为主的要求。

第7章 寻找新定律

严格说来，我在这一讲里想要谈的不是物理定律的本性。也许有人想，人家在谈论物理定律的本性时，就是在谈论大自然了；但我并不想去谈论大自然，而是谈论我们现在对于自然界有怎么样的关系。我要告诉你们，我们认为我们知道了些什么，有哪些是猜测的，以及我们怎样进行猜想。有人希望，如果我讲下去，我就会逐步说明怎样猜测出一条定律，最后真的为你们建立一条新的定律，那就再好不过了。然而，我不知道我能不能做到那一点。

首先我想要告诉你们，现在的状况是怎样的，我们关于物理学知道了些什么。你们也许想，我已经告诉过你们一切事情了，因为在前面几章里我已经告诉你们所有已知的重大原理。但那些原理必然是关于某些东西的原理；能量守恒原理是同某些东西的能量有关的，量子力学定律是关于某些东西的量子力学定律——并且所有这些原理加在一起仍然不能够告诉我们，我们正在谈论的自然界都包含着哪些种类的对象。那么，我将要告诉你们一点关于这些原理被假定为行得通的所有东西。

首先有物质——并且，令人惊奇的是，宇宙间的所有物质都是相同的。已经知道组成各个恒星的物质是与地球上的物质相同的。由那些恒星发射的光的特征，给出了一种可供鉴别的指纹，我们通过它就可以说出在那里有一些与地球上相同种类的原子。看来生物和非生物都有相同

135

种类的原子；青蛙和石头都由同样一些原料做成，只是它们的排列方式不同而已。因此就使得我们的问题简单一些；我们除了原子之外没有别的东西，到处都是一样的。

各种原子看来又都由同样一些普遍的组分粒子组成。它们当中有一个原子核，以及有一些电子环绕在核的周围。我们能够写出一张我们以为我们知道了的，组成世界的零件的清单（图32）。

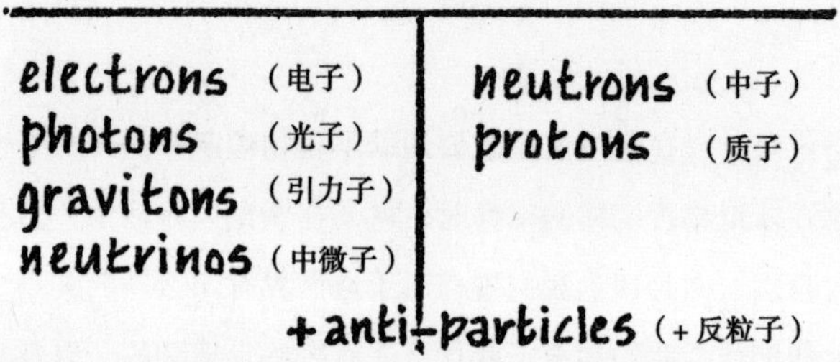

electrons （电子）　　neutrons （中子）
photons （光子）　　protons （质子）
gravitons （引力子）
neutrinos （中微子）

+anti-particles （+反粒子）

图 32

首先是电子，它们是在原子外围的粒子。然后是核，但今天了解到那些核本身又是由两种别的东西，即叫作中子和质子的两种粒子组成的。我们要观察星星，又要观察原子，而它们发射光，光本身又是由叫作光子的粒子来描述的。开始时我们谈到过引力；并且如果量子理论是正确的话，那么就应当有引力的某种波动，它的行为也像粒子，并且把它们叫作引力子。如果你不相信那个东西，你就叫它作引力好了。最后，我已经提到过什么是β衰变，在这种衰变过程中一颗中子蜕变为一颗质子、一颗电子和一颗中微子——或者实际上是一颗反中微子；这里就有了另一种粒子，一颗中微子。在我这里列出的所有这些粒子之外，当然还有所有不同种类的反粒子；那只是一种一张口就把粒子的数目加倍的陈述，并没有什么复杂之处。

有了我列出的这些粒子，就可以解释所有低能量现象，事实上，迄今为止我们所知道的、在宇宙中到处发生的一切普通现象，也有一些例外，那是这里那里存在着的某些能量非常高的粒子的所作所为，以及在实验室里我们已经能够去做的某些特殊的事情。但如果我们不计这些特殊情况，那么所有日常现象都能够用这些粒子的作用和运动去说明。例如，生命本身原则上被设想能够用原子的运动来说明，而那些原子又是由中子、质子和电子组成的。我必须立刻指出，当我们说在原则上说明它的时候，我们的意思仅仅是，如果我们能够弄明白每一件事情，就会发现，为了说明生命现象，在物理学上并不需要发现什么新的东西。另一个例子是，恒星发射出能量的事实，太阳能或者恒星的能量，大概也可以用这些粒子之间的核相互作用去说明。原子行为方式的所有类型的细节，都可以用这种模型来精确地描述，至少到目前为止我们所知道的是这样。事实上，我可以说，在今天我们所知道的各种现象的范围内，没有什么现象是我们肯定不能够按照这种方式来说明的，或者甚至也没有什么现象还存在着什么更加深奥的机制。

从前并不总是有可能做到这一点。例如，有一种现象叫作超导电性即超导，它的意思是金属在低温下不受阻碍地导电。一开始并不明显晓得，这种现象乃是已知诸定律的一种结果。现在已经对它做过透彻的思考，看到了它事实上完全可以用我们现在掌握的知识来说明。还有像"超感知觉"[1]等别的一些现象，是不能够用物理学知识来说明的。然而那种现象尚未真正被确认，因而我们不能确信其存在。当然，如果它能够被证实，那么就会证明物理学是不完善的，因此物理学家们对于它是否真有其事，感到极为关心。有许多实验表明了它是行不通的。同样的事情还有占星术的影响。如果星相真的会影响到哪一天是看牙医的吉日良辰——在美国我们就有这一类的占星术——那么物理学理论就会被证明为错的，因为没有一种原则上可被理解的、从粒子的行为出发的机制

---

1 原文为 extra-sensory perception，大致相当于我国常说的"特异功能"。——译注

能够说明这种事情。这就是在科学家当中对于那些观念总是抱着怀疑态度的原因。

另一方面，关于催眠术的情形，起先看来也像是不可能的，那时候它的描述尚不完善。现在关于它知道得多一些了，认识到那不是绝对不可能的，通过正规的心理学手段的确可以诱发催眠效应，虽然还不那么清楚其中的道理；它显然并不需要某种特别的新型的力。

今天，虽然我们关于在原子的核以外的区域发生了些什么的理论看来是很精密和完善了，这指的是只要给我们充分的时间，就能够计算出这方面的任何问题，达到测量所做得到的精确度。但研究的结果表明，我们对组成原子核的中子和质子之间的力还不完全清楚，并且理解得也很差。我的意思是，我们今天不那么理解中子和质子之间的力，如果你给我充分的时间和强大的计算机要我去计算，我还不能精确地算出碳核的能级，或者类似的什么东西。我们知道得不够多。虽然我们能够计算出原子里的外部电子的能级，但我们还不能对原子核也这样做，因为核力还没有得到很好的理解。

为了在这方面做出更多的发现，实验家们要去研究在非常高的能量下的现象。他们在非常高的能量下让中子和质子撞击到一起，以产生一些奇特的东西，然后我们希望通过研究这些奇特的东西能够更好地理解中子和质子之间的力。这些实验已经打开了潘多拉的盒子！虽然我们起先真的想要的是对中子和质子之间的力得到一种更好的认识，但当我们让这些东西强烈地撞击到一起的时候，我们发现了世界上存在着更多的粒子。事实上在尝试理解这些力的过程中，我们挖掘出了五十种以上的粒子[1]；我们将把这五十种其他粒子放到中子／质子那一栏（图33）里，因为它们与中子和质子相互作用以及中子和质子之间的力有关系。

---

1 原文为"四打"，是一个约数。为阅读方便，改成"五十"。而且下文的确亦有"五十种……粒子"的说法。——译注

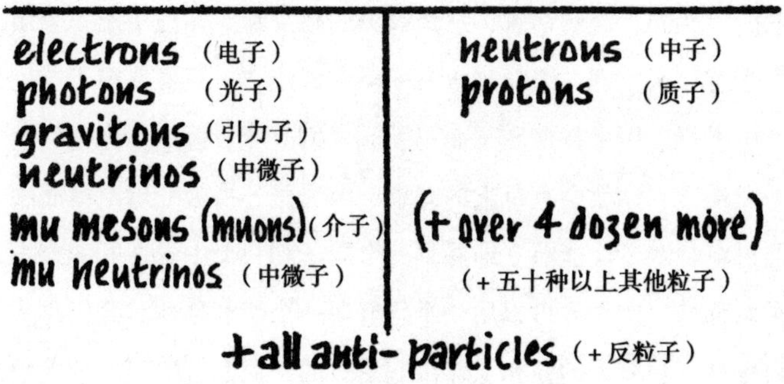

electrons（电子） neutrons（中子）
photons（光子） protons（质子）
gravitons（引力子）
neutrinos（中微子）
mu mesons (muons)（介子） (+ over 4 dozen more)
mu neutrinos（中微子） （+五十种以上其他粒子）

+all anti-particles（+反粒子）

图 33

此外，当实验家们在这个泥淖里深掘的时候，还挖出了两种同核力问题无关的粒子。其中之一叫作 μ 介子或者 μ 子，还有就是同它相伴的一种中微。有两种中微子，一种伴随着电子，另一种伴随着 μ 子。顺便说一下，非常令人惊奇的是，现在我们知道了有关 μ 子和它的中微子的所有定律，就我们能够用实验检验的而言，定律表明它们的行为与电子及其中微子一模一样，只是除了 μ 子比电子重 207 倍之外；但那是在那些粒子之间已知的唯一差别，真是奇怪。其余的五十种粒子真是一个令人生畏的阵势——还要加上它们的反粒子。新的粒子有各种不同的名称，介子，π，K，Λ，Σ。叫作什么都不会引起任何差别，五十种粒子得起多么多的名称啊！但我们弄清楚了，这些粒子是组成几个家族的，那多少给了我们一点帮助。实际上在这些所谓粒子中间，有一部分只存活一段很短的时间，由此引起了关于事实上是否有可能确定它们真正存在的争辩，但我不介入这场争论里去。

为了讲解粒子家族的概念，我举一个中子和一个质子为例子。中子和质子具有同样的质量，相差只在千分之一左右以内。质子是 1836，中子是 1839，都是以电子的质量为单位表示。更加令人惊奇的是关于核力的事实，核力即在原子核内部的强作用力，两个质子之间的力与一个质子和一个中子之间的力是一样的，并且也与一个中子和一个中子之间的力相同。换句话说，从强核力的角度看，你说不出一个质子同一个中子有什么差别。因而这里有一条守恒定律；只要你限于谈论强作用力，中子可以用来替代质子而不引起任何改变。但如果你把一个中子换成一个质子，你就会有巨大的差别，因为质子携带一份电荷而中子没有。通过电学测量你能够立即看到一个质子和一个中子之间的差别，因而这种对称性，这种你可以用一个代替另一个的对称性，我们称为一种近似对称性。对核力的强相互作用它是对的，但在自然界的任何更深入的意义上它是不对的，因为它对电磁力是不成立的。这就是所谓部分对称性，而我们需要同这些部分对称性做斗争。

现在粒子家族的概念已经扩充了，弄明白了中子和质子那种类型的替换可以推广到更广泛范围上的粒子。但其精确度则降低了。中子总可以用来替代质子这一陈述仅仅是近似的——它对电磁作用是不成立的——但已经发现的更广泛的这一类替换，可能只有更差的对称性。然而，这一类部分对称性有助于把各种粒子编成一个个家族，从而找出族谱里面空缺的位置，帮助我们发现新的一些粒子。

这一类游戏，或者讲这种家族关系的约略猜测等，演示了在我们还没有真正发现大自然的某种深入的和基本的定律之前的一种预备性的试探方法。在从前科学发展的历史里，这一类例子是非常重要的。例如，门捷列夫 [1] 关于元素周期表的发现就类似于这场游戏。它是第一步；而用原子理论给出元素周期表的来由的完整描述则要晚得多。同样，对核能级知识组织整理的工作是由梅厄和简森 [2] 多年前做出的，他们由此提出了所谓核的壳层模型。物理学表现得像是一场类比的游戏，依靠着某

1　门捷列夫（Dimitri Ivanovitch Mendeleev，1834—1907），俄国化学家。——原注

2　梅厄（Maria Mayer, 1906—1972），美国科学家，获得 1963 年度诺贝尔奖，1960 年起任加利福尼亚大学物理学教授。简森（Hans Daniel Jensen, 1907—1973），德国科学家，获得 1963 年度诺贝尔奖，1949 年起任海德堡大学理论物理研究所所长。——原注（两人的生卒年份为译者所添加）

些近似性的猜测来降低问题的复杂性。

除了这些粒子之外，我们还有先前谈到过的所有原理，对称性原理、相对性原理，以及那些必定表现出量子力学性质的行为的东西；最后，它同相对论结合起来，所有的守恒定律都必须是定域的。

如果我们把所有这些原理摆到一起，我们发现它们的数目太多了。它们彼此之间并不融洽。看来如果我们取量子力学，加上相对论，加上每一样东西都要是定域的命题，再加上几条默认的假设，我们就会陷入互相矛盾的境地，因为当我们计算不同东西的时候我们得到的是无穷大，而如果得到无穷大我们怎么能够说这是同自然界符合的呢？我上面提到的那些默认的假设的一个例子是如下的一条命题，我们太过于偏于己见，总是要理解其真正的含义。如果你计算每一种概率实现的机会，比方说它有 50% 发生的概率，它有 25% 发生的概率，等等，这些概率加起来应当得到 1。我们想如果你加齐了所有的可能性，你应当得到100% 的概率。那看来是合理的，但合理的东西常常会出问题。另一条这样的命题是，某种东西的能量必定总是正的——它不能够是负的。另有一条命题可能在我们遇到不一致性之前就加进去了，它叫作因果性，它的意思有点像说结果不能够出现在原因之前那样的概念。实际上没有人做出过一个模型是不顾关于概率的命题，或者不顾因果性的，而因果性也是同量子力学、相对论、定域性等相融洽的。因而我们真的不准确地知道，我们的各项假设里的什么东西使我们得出产生无限大的困难。这是一个很好的问题！然而，我们弄明白了，借助于某种生硬的技巧，有可能把那些无限大藏到地毯底下，而暂时我们仍然能够继续做计算。

好了，那就是现今的状况。现在我要讨论的是我们怎么样去寻找一条新的定律。

一般说来，我们是通过以下的步骤来寻找一条新定律的。首先我们对它进行猜想。然后我们计算出从这种猜想出发得到的结果，看看我们猜想的这条定律是准确的话，会有什么样的后果。我们再把计算的结果同自然界比较，把计算结果直接同观察数据比较，看看它对不对。如果它同实验不符合，它就是错的。这样一条简单的陈述，乃是科学的关键。你的猜想有多漂亮，都不会有什么差别。你有多帅，是谁做出这个猜想，或者他叫什么名字，也不会有什么差别——如果它不符合实验，它就是错的。这就是关于它所要说的一切。我们真的要检查一下，以便确定它是错了，因为无论是谁做实验都会有报告得不准确的时候，或者在实验中有某些没有注意到的性质，混入某些尘埃或者别的什么东西；或者计算出结果的那个人，即使他就是提出猜想的那个人，也可能在分析当中发生某种错误。这些都是明显的值得注意之点，因而当我说如果它不符合实验它就错了的时候，我指的是在实验经过检查和计算经过复核之后，并且要对事情来回琢磨几次，以肯定所得到的结果确是那种猜想的逻辑推论，而且事实上它同经过非常仔细的检查的实验结果不相符合。

这会在某种程度上给予你对科学的一种错误的印象。这种看法说我们要做的是不断猜测各种各样的可能性，然后把它们同实验比较，这好像是把实验放到一个相当不重要的位置上。事实上实验家们具有一种个人的风格。即使还没有人做出猜想，他们依然会做实验，并且他们非常经常地去做那些人人都知道理论家们还没有做出任何猜想的领域里的实验。举例说，我们也许知道许许多多定律，但并不知道它们在高能量的条件下是否成立。而实验家们已经尝试进行高能下的实验，并且事实上实验的结果不时一次又一次地产生麻烦；那是说，它导致一种发现，使得我们原来认为是对的东西变得错了。实验能够以这种方式产生意想不到的结果，而那会启动我们再提出猜想。意想不到的结果的一个例子是 μ 子和伴随它的中微子，在它们被发现之前，完全没有任何人猜到它们的存在，并且即使到了今天，依然没有人有任何方法，能够自然地猜到这一结果。

当然，你能够看到，用这种方法，我们能够尝试去否证[1]任何现成的理论。如果我们有一种现成的理论，一种真实的猜想，由此我们不难计算出结果并拿来同实验比较，那么我们原则上就可以推翻任何理论了。总是存在着证明任何现成的理论为错的可能性；但要注意，我们永远也不能证明它是对的。假定你想出了一种很好的猜测，计算出了结果，并且发现每一次你计算出的结果都同实验相符。那么这种理论就是正确的吗？不，它只不过是没有被证明为错误而已。将来你可以计算在更加广泛范围内的结果，也会有更加广泛范围内的实验，而你那时候也许会发现那东西是错的。这是为什么像牛顿定律那样的适用于行星运动的各种定律延续了那么长的时间的原因。他猜到了引力定律，计算出行星系统的所有种类的结果等，将它们同实验比较——这样经过了几百年，直到观察到了水星运动的轻微误差。在那一整段时期里他的理论没有被证明为错，因而可以暂时当作是对的。但它永远也不会被证明为正确的，因为明天的实验也许会成功地证明，你以为是对的东西结果却是错的。我们永远也不能够确定我们是对的，我们只能够肯定我们错了。然而，颇为令人惊奇的是，我们怎么能够有一些观念延续那么长的时间而没有发生错误。

使科学止步不前的方法之一，是只要做那些在你掌握了定律的领域内的实验。但实验家们为之孜孜不倦地努力奋斗的，恰恰是那些看来我们最有可能证明我们的理论是错误的研究。换句话说，我们正在尽可能快地证明我们自己错了，因为只有通过这种方式我们才能进步。例如，今天在普通的低能现象里，我们不知道要到哪里去找毛病，我们想一切都没有矛盾，因而并没有什么特别的庞大计划在核反应或者在超导电里

1　原文为 disprove，意思是"证明……不成立"，这里译成"否证"，即"否定的证明"的简称，与在文献中见到得比较多的、通常译为"证否"的 falsification 意义相近。——译注

找毛病。在这些演讲里我集中要讲的是基本定律的发现。整个物理学，包括运用基本定律对于像超导电或者核反应等现象加深理解的工作都是很有趣的。但我现在正在讲的是发现毛病，发现基本定律里的错误，并且由于在低能量现象里谁也说不出要到哪里去找，因而今天在这一领域里所有重大的实验都是要发现在高能量下的新定律。

我必须指出的另一点是，你不可能证明一种模棱两可的理论是错的。如果你做出的猜测表达得不清楚而且相当模糊，并且你用来推出结果的方法又有点含糊——你不敢于肯定，于是你说，"我想一切都没有问题，因为它都是由这样那样得来的，而且如此这般地做这个东西，那么多少我大概可以说明这是怎么样一回事……"那么你看到了这一理论是好的，因为它是无法证明为错的！并且如果计算结果的过程有不确定的地方，那么总可以借助于一种小小的技巧，把任何实验结果修整得好像期待的结果那样。你可能熟悉在另一领域里的这个故事吧。某甲怨恨他的妈妈，那理由当然是在他小时候没有得到她的足够呵护和关爱。但如果你仔细考察，你会发现那时候她确实十分爱他，一切都很正常。原来，这正是因为当他还是一个小孩时，她过分溺爱他了！由一种含混的理论出发，有可能得到截然相反的两种结果。解决这个问题的方法是这样的，假若事先有可能说清楚，爱到什么程度是不足够，又到什么程度是溺爱，那么就会有一种合理的理论供你来做试验了。当指出这一点时人们常常说，"当你在处理心理学事务的时候，你不能够定义得那么清楚"。是的，但另一方面，你也不能声称懂得关于它的任何事情。

当你听到在物理学里我们也有一些完全相同类型的例子时，你也许会感到震惊。我们有这些近似对称性，它们起的作用就像这个样子。你有一种近似对称性，据此你计算出假定它是严格成立时的一组结果。当同实验比较时，这些结果并不符合。当然——你假定的对称性是近似的，因而如果计算结果同实验符合得很好，你会说："好极了！"而如果符合得很差，你又会说，"噢，这个特定的问题必定对于对称性的失效特别敏感"。现在你们会觉得好笑，但我们只能按这一途径去寻求进展。当一个问题最初是新的，并且这些粒子对我们说来也是新的时候，这种到处试探，这种"凭感觉"来猜想结果的方法，正是科学的开端。在物理学里对称性命题的精确程度，同心理学里的命题是一样的，因而还是不要笑得那么厉害吧。开始的时候必须非常小心，很容易由于这种含混的理论而陷入绝境；很难证明它是错的，要凭着某种技巧和经验，才不至于在这种游戏中误入歧途。

在这种猜想、计算结果和与实验比较的过程中，我们可能在不同的阶段给卡住。当我们脑子空空的时候，我们会在猜想的阶段卡住了。或者我们也会在计算的阶段卡住了。例如，汤川秀树[1]在1934年猜出一个关于核力的想法，但是因为所用到的数学太困难，谁也算不出结果来，因而他们无法把他的想法同实验比较。那些理论长期保留在那里，一直到我们发现了所有那些汤川当时没有想到过的额外的粒子，因此情况无疑远不是汤川提出来的那么简单。另一个你会卡住了的地方是在实验那一头。例如，引力的量子理论进展得很缓慢——如果真的有什么进展的话，因为所有你们能够做的实验，从来不曾同时把量子力学和引力牵扯到一起。同电磁力相比较，引力委实是太微弱了。

由于我是一名理论物理学家，因此更喜好问题的理论这一头，现在我想集中于讲一讲你怎样做出猜想。

正如我在前面讲到过的那样，猜想从何而来是完全不重要的；重要的只是它必须与实验相符，并且它应当尽可能地清楚明确。你会说，"那很简单。你装设好一台机器，一台巨大的计算机，它里面有一个随机转盘，用来一次又一次地选取一个个猜想，每一次它猜出一个关于自

---

1 汤川秀树（Hideki Yukawa, 1907—1981），日本物理学家。京都大学基础物理学研究所所长。获得1949年度诺贝尔奖。——原注（生卒年份为译者所添加）

然界应当怎样运作的假设，立刻就计算出结果来，并且同它设在另一头的一张实验数据的单子做比较"。换句话说，猜想是一种一个笨蛋也可以做的事。实际上正好相反，下面我将会解释为什么。

第一个问题是怎么样开始。你说，"好的，我会从所有已知的原理开始"。但所有已知的原理彼此是不融洽的，因而要丢掉某些东西。我们收到许多群众来信，坚决认为我们应该在我们的猜测中留出一些空缺。你们看，你要留出一些空缺，好把地方给新的猜想。有些人说，"你知道，你们这些人总是说空间是连续的。当你进入一种足够小的尺寸时，你怎么知道那里真的排满了足够多的点，而不是有许多个彼此隔开很短距离的点呢"？或者他们说："你知道你告诉了我的量子力学振幅，它们是那样复杂和难懂，是什么令你认为它们是对的呢？也许它们是不对的呢？"这样的一些议论，对于在这个问题上工作的任何人说来，答案明显是非常清楚的。仅仅指出来这一点是无济于事的。问题不仅在于什么也许是错误的，而精确地讲，在于能够拿什么来代替它。在连续空间的情况，假定正确的命题是说空间真的由一串点所组成，并且它们之间的间隔是没有意义的，你们那些点就会在一个立方点阵上。我们可以立刻证明这是错误的。它是行不通的，问题不仅仅在于说出什么也许是错的，而是要用什么东西去取代它——而那不是那么容易的。一旦有任何真正明确的想法替代了它，几乎马上就可以看出来它是行不通的。

第二个困难是有无数这种简单类型的可能性。它有点像下面这个故事。你正坐在那里苦干，你已经花了很长时间试图去打开一个保险箱。然后有某位张三走过来，他除了知道你正在尝试打开保险箱之外，关于你到底在做什么一无所知。他说，"为什么你不试一试 10：20：30 这一组密码呢？"因为你正忙着，你已经尝试过很多东西了，也许你已经试过了 10：20：30 这一组密码。也许你已经知道了中间那个数字是 32

而不是20。也许你知道了事实上它是一组五位数字的密码。……那么请不要写任何信件给我，企图告诉我怎么样去做这件事。我阅读这些信件——我总会读它们，以确认我是不是还没有考虑过那些建议——但写回信就太花时间了，因为它们常常都是"试一试10：20：30"这一类的废话。像往常一样，自然界的想象力远远超出我们自己的想象，我们已经从其他各种微妙和深奥的理论中看到了这一点。要得到这样一种微妙和深奥的猜测，不是那么容易的。必须是真正聪明的人，才能做出那样的猜测，那是不可能由机器盲目地做出来的。

我现在想要讨论猜测自然定律的艺术。它是一门艺术。我们怎么做呢？你也许会建议的一种方法是回顾历史，看看别的家伙是怎样做的。因而我们就来看看历史。

我们必须从牛顿开始。他那时候的状况是只有不完全的知识，而他能够把那些都与实验有相当密切关系的概念放在一起；那时候在观察和试验之间并没有那么遥远的距离。那是第一种方法，但今天它不是那么行得通了。

第二个做了某些伟大事情的家伙是麦克斯韦，是他得出了电学和磁学的诸定律。他做的事情是这样的。他把所有电学的定律放在一起，那是由在他之前的法拉第和其他人发现的，然后他考察它们，认识到它们在数学上是不融洽的。为了摆平它，他要在一道方程里加上一项。他是通过自己发明一种在空间中有一些惰轮和齿轮等的机械模型来做到这一点的。他发现了新定律是什么样的——但没有人理睬他，因为他们都不相信那些惰轮。我们今天也不相信那些惰轮，但他得到的方程却是正确的。因而，推导的逻辑可以是错误的，但答案却是正确的。

在相对论的情况下，发现的模式是完全不同的。这时候已经积累了一些佯谬或者矛盾；已知的定律给出不一致的结果。这是一种新的思考方法，是从讨论那些定律可能有的对称性入手的方法。它是特别困难的，因为是第一次认识到长期以来被认为是对的牛顿定律，而最终是错的。而且，要接受看来是那么符合直觉的、关于时间和空间的普通概念会是错的，也是一件困难的事。

量子力学是用两条不同的方法发现出来的——这是一个教训。那时候也从实验发现了存在着，甚至存在着更多的大量佯谬或者矛盾，那些东西是绝对不可能由已经知定律以任何方式得到说明的。并不是那时候的知识不完善，而是知识太完善了。你的预言是应当发生这样的结果——而实际上并不如此。两种不同的方法之一是薛定谔[1]猜出了方程，另一个是海森伯论证说你必须只分析那些可测量的东西。这两种不同的哲学方法最终导致了相同的发现。

最近我说起过的弱衰变定律的发现添加了一种多少不同的状况。弱衰变就是当一颗中子蜕变到一颗质子、一颗电子和一颗反中微子那一种类型的过程，我们对它的认识还不完全。这一次是有关知识还不完全，而只知道了方程的情况。这一次的特别困难在于实验都做错了。当你计算出结果，而它同实验不符，你又怎么能够猜出那正确的答案呢？你必须有勇气说实验必定做错了。我下面将会说明那种勇气从何而来。

今天我们没有什么佯谬或者矛盾了——也许是这样吧。当我们把所有定律都用上去的时候，我们就会得到这种无限大，但人们把污垢扫到地毯底下去了，他们是那么聪明，使得人们有时候以为这不是一个严重的困难。在这里再一次表明了，我们已经发现了所有这些粒子的这一事实，除了表明我们的知识是不完全的之外，没有告诉我们任何事情。我敢肯定物理学的历史不会再重复它自己，不会重演我上面给出的那些例子。理由是这样的，诸如"考虑对称性定律吧"，或者"把了解到的知识表达成数学形式吧"，或者"猜猜方程吧"等任何的方案，都已经被

---

1 薛定谔（Erwin Schr ö dinger, 1887—1961），奥地利理论物理学家。同狄拉克共获 1933 年度诺贝尔物理学奖。——原注（生卒年份为译者所添加）

众人知晓，而他们一直都在试探。当你束手无策的时候，答案不可能是上述方案当中的任何一个，因为你本来就试过这些方案了。到下一次，必定要有另一种方法。每一次我们都陷入太多麻烦和太多问题的僵局里去，是因为我们使用的方法都只是沿袭了我们过去用过了的方法。下一个方案，新的发现，将会有一种完全不同的实现方式。因而历史帮不了我们多少忙。

我想要讲一点关于海森伯的关于不应当谈论你所不能够测量的东西的观念，因为许多人谈到这一观念时，并没有真正理解它的意思。你可以解释说，它的意思是，你所做的发明必定是由那种可同实验比较的计算结果一类的东西所构成的，即你计算出的结果不能够像是"一'牡吐'必有三'咕噜'"那样的东西，因为谁也不知道一"牡吐"或者一"咕噜"是什么[1]。那样做明显是不行的。但如果结果能够同实验比较，那么那就正是所需要做的事情。不必在乎在猜想里有没有出现"牡吐"和"咕噜"那样的东西。你可以在猜想里放进你想要说的那么多废话，只要推出的结果能够同实验比较就行了。这一点总是没有得到充分的认识。人们常常抱怨把粒子和路径等概念没有根据地延伸到原子的领域。完全不是那样；不能说那些概念的延伸没有根据。我们必须和我们应当，并且我们总是那么做，尽可能延伸我们已经知道的东西，尽可能延伸我们已经得到的那些概念。这样做有危险吗？是的。没有把握吗？是的。但这乃是取得进展的唯一途径。虽然那样做没有把握，但必须使科学发挥它的用处。科学仅当能够告诉你要去做哪些还没有人做过的实验时才是有用的；如果它只是告诉你人家刚刚做过了些什么，那它就没有什么用处了。必须延伸那些旧概念，超出它们已经被检验的范围。例如，引力定律是为了理解行星运动而提出来的，假若牛顿只是说，"我

1　"牡吐"和"咕噜"的原文是 moo 和 goo，都是费曼生造出来的单词，音译如上。——译注

现在了解行星了",并且不觉得要尝试去比较地球对月球的拉力,那引力定律就不会有多大用处了,后来的人也不会说"也许是引力把星云维系在一起"了。我们必须尝试往外延伸。你可以说,"当你达到星云那么大的尺度时,由于我们关于它什么也不知道,那么任何事情都是可能发生的"。我知道,但没有什么科学接受这种类型的限制。对星云不存在终极的了解。另一方面,如果你假设整个行为都只是受已知定律的支配的,那么这一假设是非常局限和确定的,因而容易被实验推翻。我们要寻找的正是这种假设,这种非常确定而且容易同实验比较的假设。事实上,迄今为止我们了解到的星云的行为方式,看来并不违反各种已知的定律。

我可以给你们讲另一个例子,一个更加有趣和重要的例子。有可能对生物学的进步贡献最大的一个单个假设是,每一种动物做的都是原子所能做的,那么在生物世界里看得到的东西,都是物理现象和化学现象行为的结果,除此之外别无他物。你总可以说,"当你接触生物体时,每一样东西都有可能发生。"如果你接受这种说法,你就永远不会了解生物了。很难相信章鱼触须的蠕动不是别的,而仅仅是许多原子依据一些已知的物理学定律在到处乱闯的结果。但当采用这一假设进行研究时,我们可以做出一些能够很精确地说明它是怎么样工作的猜想。运用这种方法,我们在理解这些事情上取得了巨大的进展。迄今为止章鱼还没有被切下来研究它的运动——还没有发现这个想法是错误的。

做出猜想并不是不科学,虽然科学界以外的许多人的确是那样想的。几年前我同一位非专业人士有一次关于飞碟的谈话——因为我是科学的,我知道关于飞碟的一切!我说"我不以为真有飞碟"。因而我的对手就说:"飞碟是不是不可能存在呢?你能够证明它不可能存在吗?"我说,"不,我不能够证明它是不可能的。它只是非常靠不住的"。他回应说:"你真是太不科学了。如果你不能够证明它是不可能的,你怎么能说它是靠不住的呢？"但我说的正是科学的方法。科学只是说什么是更靠得住和什么是更靠不住的，而不是总能够证明可能和不可能。为了明确我的意思，我也许应当这样对他说，"听着，我的意思是，根据我看到的在我周围的世界的知识，我认为关于飞碟的报告是地球上有智慧的生命已知的非理性创造的可能性，比地球之外有智慧的生命的理性创造的可能性大很多很多倍"。它仅仅是更靠得住，如此而已。它是一个好的猜测。而且我们总是尝试猜测最靠得住的解释，而同时在心底里记住，如果它行不通，我们就必须讨论其他的可能性。

我们怎么能够猜得到要保留什么和要抛弃什么呢？我们掌握了所有这些美妙的定律和已知的结果，但我们仍然处在某种困境之中；我们要么就得到那些无限大，要么就得不到一种足够的描述——我们缺少了某些部分。有时候那意味着我们要抛弃某种观念；至少在过去总是明白了要抛弃某种已经得到牢固支持的观念。这里的问题是，要抛弃什么和要保留什么。如果你把一切都抛弃了，那么你要再往前走就没有多少东西可以拿来用了。能量守恒看起来毕竟是经得住考验的，并且它是那么美妙，我不想把它丢掉。推断要抛弃什么和要保留什么，需要高度的技巧。实际上它可能仅仅是一种运气，但它看起来就像是运用了高度技巧似的。

概率振幅是非常奇怪的，而你初次想到的是，奇异的新观念明显是荒诞无稽的。然而，尽管它是那么奇怪，但从存在着量子力学概率振幅的观念出发，能够推演出整个一长串的奇异粒子，得出百分之百的正确结果，说明它是能够成立的。因此我不相信，当我们找到世界组成的内部机制的时候，将会发现这些观念是错误的。我以为这一部分是正确的，但我仅仅是猜想：我正在对你们讲的是我怎样猜想。

另一方面，我相信认为空间是连续的理论是错误的，因为我们会得出这些无限大以及其他困难，并且我们还留下了是什么决定了所有粒子的大小这样的问题没有解决。我宁愿怀疑当深入无限小的空间时，几何学的那些简单的观念会变得不对。当然，我在这里只是留下了一个空缺，而不是告诉你们怎么样去填补它。假使我确实做到了这一点，我就会以一条新的定律来结束我的这个讲座。

某些人曾经运用所有原理互相之间的不一致性，说只有一个可能的自相融洽的世界，那么如果我们把所有的原理放到一起，进行非常精确的计算，我们将不仅能够推导出那些原理，并且将发现如果世界仍然保持融洽的话，这些就是可能存在的仅有的一些原理。在我看来，那像是一番大话。我听起来觉得像是本末倒置了。我相信，要给出存在着的某些东西——不是全部 50 种奇怪的粒子，而是少数几种像电子等的小东西——那么，运用了所有的原理而得出的宏大的复杂世界，就可能是一种确定的结果。我不认为你能够从关于一致性的论证出发来得出整个世界。

我们的另一个问题是部分对称性的意义。这些对称性，就像是中子和质子几乎是相同的但其电学性质是不同的，或者事实上反射对称性是完全成立的只是除了一种反应之外，这一类说法是非常令人烦恼的。事情是差不多对称的，但又不完全对称。现在有两个考虑这个问题的学派。一派说其实很简单，它们实际上是对称的，但另有一点复杂的因素使它走了一点样。另一派观点只有一名代表，那就是我自己，认为事情也许本来就是复杂的，然后只有通过复杂性才能变得简单。古希腊人相信各个行星的轨道是圆形的。实际上这些轨道是椭圆形的。它们不是那么很对称，但也十分接近于圆。问题是，为什么它们非常接近于圆呢？为什么它们几乎是对称的呢？因为存在着一种长期的潮汐摩擦效应——这是一种非常复杂的观念。有可能自然界在她的核心部分里，这些东西是完全对称的，但在实际的复杂世界里它变得看起来好像是近似对称的了，于是椭圆看起来就差不多是圆的了。那是另一种可能性；但谁也不知道，它仅仅是一种猜想。

假定你有两种理论，A 和 B，在心理学上看来是完全不同的，它们含有一些不同的观念等，但从每一种理论计算出来的所有结果都是一样的，并且两者都同实验相符。那两种理论，虽然初听起来是不同的，但却有相同的一切结果，那么常常不难做出数学证明，表明从 A 和 B 的逻辑出发总会给出相对应的结果。假定我们有这样的两种理论，我们怎么样去决定哪一个是正确的呢？科学是给不出这样的方法的，因为两者都在同一程度上与实验符合。因而两种理论，虽然它们也许包含一些具有深刻差别的基本观念，也可以在数学上是等同的，因此没有科学的方法可以区别它们。

然而，为了猜出新的理论，由于心理学的原因，这两种理论可以离等价甚远，因为一种理论给人们的观念是与另一种理论不同的。你把理论放到某种框架里，你就会得出要改变些什么的想法。会有某种东西，例如在理论 A 里谈到某种东西，而你会说，"我要在这里改变那个观念。"但结果发现在理论 B 里，与你要在理论 A 里改变的东西相对应的东西可能是非常复杂的——它也许完全不是一个简单的观念。换句话说，虽然在改动之前两种理论是等价的，但还是存在着某些途径对一种理论看起来很自然地做出的改变，在另一种理论看来却并不自然。因而在心理学上我们的头脑必须记住所有的理论，而且每一位够格的理论物理学家对完全同样的一个物理学问题都要知道六七种不同的理论表示方式。他知道这些理论都是完全等价的，而且在这一水平上还没有人能够判定哪一个比别的都更好，他只是把它们都记在脑子里，希望它们可以在他进行猜想时提供一些不同的考虑方法。

这使我想起了另一点，那就是当理论中有非常微小的变动的时候，与这理论相联系的哲学或者观念也会发生极大的变化。例如，牛顿关于空间和时间的观念同实验符合得很好，但为了得到水星轨道运动的那么一点点修正，理论的特征需要做出极大的变化。原因是牛顿定律是那么简单那么完美，并且从它们导出了那么多确定的结果。为了得到会产生一种稍微不同的结果的某种东西，理论就要变得完全不同了。在陈述一条新定律的时候你不能够使一件完美的东西变得不完美：你必须拿出另一种完美的东西来。因而牛顿同爱因斯坦的两种引力理论的哲学观念之间存在着极大的差别。

这些哲学是什么？它们其实就是有助于快速计算结果的一些计谋。一种有时候叫作对定律的一种理解的哲学，简单说来就是一个人为了快速地猜出结果而在他的脑子里记住一些定律的方式。有人说过，而且那是对像麦克斯韦方程那样的情况适用的一段话，"决不要去管什么哲学，决不要去管诸如此类的什么东西，只管猜出方程好了。问题仅仅是计算出答案使得它们同实验相符合，这样做并不需要有一种关于方程的哲学，或者论证，或者什么话语。"那可能是一种好的方法，如果你仅仅猜测方程，那样就会不使自己受到偏见的左右，于是你就会猜得更好。另一方面，可能哲学也会有助于你去猜想。到底如何，谁也难说。

对那些坚持说唯一重要的事情只是理论要符合实验的人说来，我想要假设一位玛雅天文学家同他的学生的一场讨论。玛雅人那时候已经能够以很高的精确度计算出天文学的预测，例如日食月食和月亮在天空中的位置，金星的位置，如此等等。那都完全是由算术算出来的。他们算出某个数目，再减去某些数目，等等。他们没有讨论过月亮是什么东西。他们甚至没有讨论过月亮在轨道上转圈的观念。他们只是算出会发生日食和月食的时间以及什么时候会出现满月，等等。假定有一名年轻人去到天文学家那里说，"我有一个想法。也许这些东西是在轨道上转圈的，在那里是一些像石块那样的球体，并且我们可以算出它们怎样以一种完全不同的方式运动，而不仅仅是算出它们什么时候出现在空中。"天文学家说："是的，而你能够以多大的精确度来预测日食和月食呢？"他说："我还没有把这个想法推进得很远。"然后天文学家说："噢，我们能够计算出日食和月食，比你能够用你的模型得到的精确度高得多，因而你一定不要再去考虑你的那个想法了，因为我们的数学方案明显要好得多。"这是一种十分强烈的倾向，当有人提出一种想法并说，"让我们假设世界是这样"的时候，人们有一种强烈的倾向对他说："你会对如此的一个问题得到什么结果呢？"而他说："我还没有把它推进得足够远。"于是他们说："噢，我们已经发展了一种完善得多的方法，并且我们能够得出方程精确的答案"。因此，要不要顾及在想法后面的哲学观念，也的确是一个问题。

当然，还有另一种工作的方式是去猜测新的原理。在爱因斯坦的引力理论里，他猜想在所有其他种种原理之上的是对应于引力总是正比于质量这一观念的原理。他猜想这样一条原理，说的是在一辆加速行进的车子上，你不能区分是不是处在引力场中，然后将这一原理加到其他所有原理之上，他就能够推出正确的引力定律。

上面勾画了几种猜想的方式。我现在想要讲到关于最后结果的其他几点。首先，当我们全部完成了的时候我们也有了一种数学理论，我们能够由此计算出结果来，那么我们还能够做什么呢？那真正是一件令人吃惊的事。为了估算出一个原子在一种给定的状况下的行为，我们制订了一些规则，用符号写在纸上，把它们送进其中装有某种复杂开关电路的机器，而结果就能够告诉我们原子的行为会是什么样子！如果这些电路开关的方式就是原子的某种模型，如果我们设想在原子里面有那些复杂的开关，那么我就会说我多少懂得了在做什么事了。我发现它十分令人吃惊，它竟然有可能运用数学来预言会发生些什么事，在计算中仅仅遵循了一些规则，而同原始的对象真正在做些什么完全没有关系。在一台计算机里开关电路的接合和分断同自然界里发生的事情实在是相距太远了。

在这种"提出猜想—计算结果—同实验比较"的事情中，最重要的事情之一是要知道你什么时候是正确的。在你核对所有的结果之前，有可能预先知道你什么时候是正确的。你可以通过它的美和简单性来认出真理。当你提出了一种猜想，然后做两三项简单的计算以确认它不是明显错了，就可以知道它是对的，这样做并不难。当你这样做知道它是对的，它就明显是对的了——至少如果你有一点经验的话——因为通常发生的是理论的输出多于输入。事实上，你的猜想是，某些东西是十分简单的。如果你不能够立刻看出来它是错的，而且它比以前的理论更加简单，那么它就是对的了。那些缺乏经验的，想入非非的，以及诸如此类的人们也会提出简单的猜想，但你能立刻看出来他们是错的，因而不必考虑。另外，那些缺乏经验的学生，他们提出的猜想是非常复杂的，并且好像是全都对头的样子，但我知道那是不对的，因为结果表明，真理总是比你想象的更简单。我们需要的是想象，但那是受到严格约束的想象。我们要发现一种新的世界观，它要能够同已知的每样东西相符合，但又在有些地方与预测不相符合，否则就没有意思了。而在那些不相符合的地方，它必须同自然界相符合。如果你能够找出另一种世界观，它同已经观察到的东西的整个范围都是相符合的，但又在别的什么地方出现不相符合，那么你就做了一项伟大的发现。非常接近于不可能，但又不是完全不可能的是，发现任何一种理论，它在所有各种理论都已经检验过的整个范围里都同实验相符合，而且仍然在某一其他范围内给出某种别的结果，即使一种理论的一些不同结果被弄清楚了是同自然界不相符合的也是如此。要想出一种新的观念是非常困难的，那需要一种非凡的想象力。

什么是我们这一场探险活动的未来？最终会发生什么事？我们正在猜测一条又一条新定律；那么到底我们要猜测多少条定律才算完呢？我不知道。我的某些同事说，我们的科学的基本方面会不断发展；但我以为肯定不会不断更新，比方说在一千年之内。事情不会一直保持这样的势头，使得我们总是不断发现更多又更多的新定律。如果我们真的做到了这个样子，发现这么多个层次，一个在一个的底下，那有多烦人啊。在我看来，将来可能发生的事情，或者是知道了所有的定律——那是说，假使你有了足够的定律，你就能够计算出总是与实验相符的结果，那就会是这场探索的终结了——或者实验会越来越难做，越来越花钱，就算你了解了99%的现象，但仍然总是有某种刚刚发现出来的现象，它很难进行测量，并且与理论不相符合；并且你一旦得出了那一现象的解释，又总是会出现另一种类似的新现象，于是进步越来越慢，并且越来越没有意思了。那是探索过程会结束的另一种方式。但我想它总要以这一种或者另一种方式结束。

我们非常幸运地生活在我们依然不断做出发现的时代。就像美洲的发现那样——你只能发现它一次。我们生活在其中的时代，是我们正在发现自然界的各种基本定律的时代，这样的美好日子是一去不复返的，它真是令人鼓舞啊，它是那么神奇而美妙。但激动终将过去，将来当然会有另外有趣的东西。将来会存在对于不同层次之间的现象的联系的兴趣——诸如同生物学现象的联系，等等，或者，如果你谈到探险的话，将来会到别的行星去探险，但那将不是与我们现在所做的相同的事情。

另一件会发生的事情是，如果最后弄明白了一切都已知晓，或者它变得十分单调乏味的时候，那种富于活力的哲学以及对于我先前谈到过的所有这些东西的仔细关注都将逐渐消失。那些总是置身于外围大发无聊议论的哲学家们将能够靠上前来，因为我们不再能够对他们说，"假如你们是对的话，我们就能够猜出其余的所有定律了"，这样来把他们赶走，因为当所有的定律都摆在那里的时候，他们将会对它们给出一种解释。例如，总是有一些关于世界为什么是三维的解释。噢，世界只有一个，因而很难说那种解释是对还是错，结果假如什么东西都知晓了的话，就会有关于为什么那些就是正确的定律的某种解释。但那种解释将会是在一个框框里的解释，我们不再能够通过说那种类型的推理不再允许我们向前进而批评它。那时候将会发生观念上的失落，就好像是发现一块乐土的伟大的探险家，看到旅行者蜂拥而至的时候所感到的失落一样。

在这个时代里，人们体验着一种愉悦的心情，那是当你猜到了在一种以前从未看到过的新情况里，自然界会怎么样运作的无限喜悦。从某一个范围里的实验和信息，你能够猜出在一个以前谁也没有探索过的领域上将会发生什么事。那是同正规的探险有点不同的，在探险活动里对于要发现的地域掌握了足够多的线索，有助于猜测那块从来未曾发现过的地域看起来会是什么样子。顺便说说，这些猜想常常与你们已经看到的科学上的猜想相差甚远，后者是要进行大量思考的。

大自然有什么东西让这种情况发生，使得有可能从世界的一部分猜出其余部分的所作所为呢？那是一个非科学的问题：我不知道怎样来回答这个问题，因此我想要给出一个非科学的答案。我想那是因为大自然具有一种简单性，并且因而具有一种极致的美的缘故。

译后记

费曼这本书最初是 1965 年由英国广播公司（BBC）出版的，从 1967 年起转给美国麻省理工学院（MIT）出版社出版。本书近 40 年来重印了好多次，并被翻译成多种文字出版。在我国台湾地区，也先后于 1979 年和 1996 年出版了两种中译本，亦经多次重印。本书近年收入兰登书屋《近代世界最佳图书文库》（*Modern Library of the World's Best Books*），可见其受到普遍重视的程度。

值得指出的是，在国外编撰这一类丛书，必定要选入一部分自然科学的著作，虽然占的分量不一定很大。例如在 50 年前出版的总共 50 多卷的《西方世界名著丛书》（*Great Books of the Western World, Encyclopaedia Britannica*, 1952）里，就可以找到上至欧几里得下至达尔文等十余位科学家的著作，包括在国内很难找到的托勒密和开普勒等人的著作。因为，在近代科学的发源地区，从来都是把科学当作文化学术的一个重要组成部分看待的。相形之下，我国的传统则从来不承认科学亦是一种学术，其影响至今未绝。例如，以"学术"为名的刊物，是绝不会登载科学著作的。又如，一种大型的"世界学术名著"丛书，号称包括了哲学、历史、经济、语言、政治、法学等众多方面，开始的时候是一本科学著作也没有的，如今在已经出版的几百本当中，也只补充了少数几本。看来，在文化观念方面，甚至还比不上他们以前的老板王云五的《万有文库》。

我很高兴湖南科学技术出版社为他们的"走近费曼丛书"选中了这部早就应该翻译过来的脍炙人口的著作。费曼的许多事迹已广为人知，译者还提供了一篇稍为详细一点的《费曼小传》作为本书的附录。我以为，费曼最突出的特色是独立思考，书本写的和人家说的，他都不相信，事事要经过亲自推演或者亲身体验。费曼在现代量子理论上的思索和创造，就充分体现了这一点。他通过苦心的钻研，在量子力学的基本原理上形成了独到的见解，从而提出了一套已成为理论物理学家们必备工具的别开生面的理论方法。不过，费曼在这方面一般只是限于正面阐述自己的观点，从来不公开批评别人或者同对手争论。特别是，费曼不像爱因斯坦和玻尔等老一辈物理学大师那样有发表哲学议论的癖好，他很不喜欢哲学，他关于量子力学到物理学以至整个科学的哲理性观点，一般只零星地散见于各种著作之中。这本书是一个仅有的例外，费曼在这里除了畅谈量子力学和物理学其他分支中的许多重要概念之外，还集中阐发了他在科学认识论和科学方法论等方面的见解，给了我们了解这一位物理学大师思想真谛的一个极好机会。

本书原名 *The Character of Physical Law*，可以翻译成《物理定律的特征》。我们现在采取物理定律的本性的书名，是因为费曼在书中谈道"在思想上不承认自然界必须满足像我们的哲学家们所主张的那些先入为主的要求"。他在另一本普及性的小册子（《QED：光和物质的奇妙理论》）里也说过："我希望你们按照自然界的本来面目接受自然界。""我们不得不用以描述自然界的方式，一般说来，对我们是不可思议的。"他还提出"重要的是这个理论所给出的预言能否与实验符合。而一个理论是否在哲学上令人喜爱，或者是否容易理解，或者是否能从常识的观点看来完全合乎逻辑，所有这些都是无所谓的"。我们采取"本性"的译名，为的是体现费曼强调的"本来面目"的意思。况且，英语里 character 这个词也确有"本性"这一层意思。

我们从"出版前言"里已经了解到，这本书来源于费曼的一组系列讲座的影音资料和现场笔记稿。虽然后来经过整理，仍然带着明显的口语痕迹。原文的许多句子不大规范，意思也不够完整甚至不够准确。在翻译成汉语的过程中，对一些容易发生误解之处，不得不添加了少数文字。但是，这种做法是受到严格限制的。在行文的分段上，译文亦一如原文，不做任何改动。费曼的每次讲演，均系一气呵成，我们亦不画蛇添足地加上一些小标题。假若在译本里加上太多的解释，变得婆婆妈妈的，又分成许多小段落，或者堆砌许多华丽的词藻，就失去费曼的朴素而幽默的风格了。每一名读者，都不应该老像婴儿那样，一定要吞咽母亲咀嚼过的易于吸收的食物。应该努力钻研那些不合自己阅读习惯的读物，即使是硬骨头也要费力去啃，这样才会有利于提高自己的阅读和思维水平。希望读者集中于理解作者所阐述的思想和见解，而不必把这本书当作一本物理学或者物理学史的教科书。

费曼对哲学的态度很值得我们注意。按照他在本书里的意见，科学研究不需要哲学的指导，只是"哲学也许会帮助你提出猜想"。应当说这是当代物理学家普遍持有的一种态度。

老一代的爱因斯坦说过："哲学的推广必须以科学成果为基础。可是哲学一经建立并广泛地被人们接受之后，它们又常常促使科学思想的进一步发展，指示科学如何从许多可能的道路中选择一条路。等到这种已经接受了的观点被推翻以后，又会有一种意想不到和完全新的发展，它又成为一个新的哲学观点的源泉。"（《物理学的进化》，周肇威译，上海科学技术出版社，1962，34 页）这一段话长期被人们传颂，也很符合我们的传统思维习惯。

但是，和爱因斯坦同时代的玻恩（M.Born）后来是这样说的："我曾努力阅读所有时代的哲学家的著作，发现了许多有启发性的思想，但是没有朝着更深刻的认识和理解前进。然而，科学使我感觉到稳步前进，我确信，理论物理学是真正的哲学。"（《我的一生和我的观点》，李宝恒译，商务印书馆，1979，20页）

而比费曼小一辈的温伯格（S.Weinberg）近年就说得更加明白了。他写道："哲学家的观点偶尔也帮助过科学家，不过一般是从反面来的——使他们能够拒绝其他哲学家的先入为主的偏见。""哲学往往不能预先给我们提供正确的观念。……物理学家……能很好地追踪自然定律的美的踪迹，却不能从高高在上的哲学俯瞰通向那真理的道路。""这并不是要否定哲学的价值，尽管它们多半与科学没有多少关系。……我们不应当指望靠它（哲学）来指导今天的科学家如何去工作，或告诉他们将要发现什么。"（《终极理论之梦》，李泳译，湖南科学技术出版社，2003，132～133页）

我们可以从本书中发现，费曼在这方面的基本观点是同温伯格相通的。如果把上面所引的爱因斯坦关于哲学能够"指示科学如何从许多可能的道路中选择一条路"的那句话改成"哲学提供了各种不同的可能道路供科学家选择"，就有可能调解其中的矛盾了。毕竟，在研究中要走什么样的道路，终究是要由科学家自己选择的。

译者很高兴有这个机会，在把费曼这部名著介绍给国内读者的工作中尽一点力量。

关　洪

2004 年 2 月于广州

附录　费曼小传

少年时代

1918 年 5 月 11 日，理查德·菲利普·费曼（Richard Phillips Feynman, 1918—1988) 出生于美国纽约市郊的一个犹太移民家庭里。他的父亲梅维尔·费曼（Melville Feynman），是幼年时随着父母从俄罗斯迁到美国去的，后来从事制服销售生意。他的母亲露西尔·菲利普（Lucille Phillips）基本上留在家里操持家务。理查德是他们的长子。后来，费曼又有了一个比他小 9 岁的妹妹琼（Joan）。

费曼小时候常常由父亲带到设在曼哈顿的自然历史博物馆参观。父亲还让他玩各种益智游戏，讨论一些认识问题和到大自然里去观察。例如，在费曼很小时，他的父亲就买了一大堆处理品的贴墙用的小瓷片，叫他注意用两种不同颜色的瓷片，按照一定的间隔规则，看看能够排出什么花样来，并且把这种游戏当作基本的数学训练。

父亲教导他，事物本身是不重要的，重要的是怎么样去发现它们；不要光知道事物的名称，要紧的是了解事物的实质。例如，在他只有几岁大，在玩玩具小车时注意到，在小车启动时，车厢上的小球会向后滚，而当小车突然停止时，球就总向前滚。费曼问他的父亲为什么，得到的回答是："谁也不知道！普遍的规律是：任何运动着的物体倾向于继续运动；而静止的物体则倾向于保持静止。人们把它叫作'惯性'，但谁也不知道为什么会这样。"这样就使费曼不仅仅晓得"惯性"这个名词，而且有助于掌握它的实质。

又如，当父亲带着费曼到树林中散步，观察到一些鸟雀时，父亲告诉他："如果你对一种鸟只知道它的名称，哪怕知道了全世界各种语言里对这种鸟的叫法，你还是一点也不知道关于这种鸟的任何事情。所以让我们来看看这只鸟在做些什么，这才是有意义的。"费曼认为，因为受益于他的父亲，他很早就懂得了知道一件事物的名称同知道一件事物是两件不同的事。

父亲还总提出诸如鸟儿为什么经常用喙整理身上的羽毛，和有些树叶上为什么会有一道弯曲的痕迹等问题同他讨论。虽然他父亲对一些问题的解释在细节上未必正确，甚至完全可能是胡编瞎猜的，但费曼认为："他试图向我解释的想法，是生活当中有趣的部分。这种追根寻源的做法无论有多么复杂，要点全在于坚持进行下去。"

费曼后来回忆道："这就是父亲教育我的方式。这种教育是通过举例和讨论进行的，它完全没有压力，而只是一种令人愉快的和饶有趣味的讨论。这种精神在日后的一生中一直激励着我，并使我对所有科学都感兴趣。"

费曼在上初中时，有幸遇到了优秀的数学、物理和化学教师。例如，有一次高中物理老师贝德（A.Bader）看到费曼一副不满足的神态，便对他说："看来你有点不耐烦，我要给你讲点有趣的东西。"这位教师讲的实际上是质点力学里的最小作用量原理，即质点在初始位置到终末位置之间，等于动能减势能的拉格朗日量对时间的积分，对于实际路径来说取最小值。费曼对此感到强烈的兴趣，对这一原理的偏爱，一直支配着他日后的研究路线。

然而，在高中阶段，真正令费曼着迷的科目是数学。不少科学家都很早就表现出数学方面的天赋，也许因为这是一个单凭个人的智慧和努力，就不难长驱直入的领域的缘故。费曼觉得数学对他来说是很轻松的。他不满足于课内的进度，自学了解析几何和微积分等课目。

费曼在高中的时候还参加了班上的一个代数小组，同其他学校进行比赛。此外，总有一些同学拿着这样那样的数学习题以及难解的谜语来找费曼，而他"不把那些难题解出来，是不会罢手的"。因为来找他的同学越来越多，而中学生遇到的问题又常常是重复的，所以很多时候费曼面对的只是他已经有了答案的题目，当然一下就说出来了。费曼说："这样虽然我为一个人花了二十分钟，却有五个人认为我是一个超级天才。"实际上，费曼的数学直觉和解决问题的非凡洞察力，起初就是通过这样一系列的训练活动而培养出来的。

从小开始，费曼就在家里动手做各种各样的小实验。他自己装过简单的机电和光电控制电路，玩过从前每一个业余爱好者都摆弄过的矿石收音机。上中学后，他又买到一些处理的残旧电子管收音机，包括直流电和交流电的收音机，自己摸索试着修理。他逐渐对这些东西熟悉起来，技术颇有长进，甚至还拥有了专门的工具——自己装配的一个多用伏特表。慢慢地，少年费曼的名气竟在镇上传开来，陆续有人找他修理出了毛病的各式各样的收音机。

20世纪30年代初，正是美国的经济不景气时期。费曼后来说："人们请我做活的主要原因是经济大萧条。他们没钱修收音机，听说这个小孩会修又要钱不多，所以都乐意来找我。"后来，费曼还修理过打字机等日用的机器。这些少年时代的经验，不仅给日后有机会从事的实际工作带来好处，更重要的是培养了一种不屈不挠地解决问题的精神。他说："我这人碰到难题，总是不解开绝不罢休。""发现问题出在哪里，想办法修好它，这正是我感兴趣的，像解难题一样。"

总之，正如费曼自己所讲："我有解谜的嗜好。这就是为什么后来我要去开保险箱，去辨认玛雅人的古怪文字的原因。"他从小就树立起这样的观念：人生的意义全在于努力解开自然之谜。晚年的费曼为他的两本被认作是回忆录式的"故事集"所取的副标题就是"一名好奇角色的历险记"，以此作为他回顾一生的评语。正如他的一位学生希布斯（A.R.Hibbs）在此书的序言中所写："挑战和挫折，超人的才识和激情，以及从科学探求中获得的极大快乐，这正是他生活中幸福的源泉。"

在家乡，费曼结识了比他小一两岁的一个女孩阿琳·格林鲍姆（Arline Greenbaum）。他是这样形容她的："她是在附近最受人欢迎的姑娘：她是头号的，最漂亮的姑娘，而每一个人都喜爱她。"一天，阿琳对他说："我们学到笛卡儿，哲学老师从'我思，故我在'这一命题出发，而最后证明了上帝的存在。"费曼马上说："这是不可能的。"他已经从父亲那里学会了不必尊敬权威，对于不管是谁说的话，都要自己去分析和判断。

当费曼运用科学的论证，终于说服了阿琳的时候，她又提起：这只是问题的一个方面，应该再看看问题的另一方面，因为"我的老师告诉我们，'每一个问题都有两个方面，就像每一张纸都有正、反两个面一样。'"而费曼立即回答说："你讲的这个问题也有正、反两个方面。"阿琳吃惊地问："你这是什么意思？"

原来，费曼已经在《不列颠百科全书》里读到过关于莫比乌斯带的知识。他拿来一条纸条，先铺平了再把它的两端相对扭转180°，最后粘成一个环带。那么，这样做出来的莫比乌斯带就是只有一个面的几何体了。

费曼的演示使阿琳觉得很好玩。第二天上课的时候，她把它带到课堂上去。当哲学老师拿起一张纸，说任何问题都像每一张纸一样有正、反两个方面的时候，阿琳取出了她自己的纸环，举手发言说："先生，甚至你的那个问题也是有正、反两个方面的：这就是只有一个面的纸带。"结果，整个教室为之轰动。这次"莫比乌斯带"事件，无疑使费曼的聪明才智给阿琳留下了不可磨灭的印象。

费曼和阿琳在相互切磋当中，也琢磨了彼此的性格。阿琳生活在一个非常讲礼貌的家庭里，他们很注意别人对自己是怎样想的，并且认为讲一些无伤大雅的谎话是不要紧的。阿琳曾经希望，费曼也要在这些方面加强注意。可是，费曼却认为正确的态度应当是："对于别人想些什么，你在乎些什么呢？"这种观点很快得到阿琳的理解和赞同，并且当作以后两人关系的准绳了。

求学历程

1935 年秋天，18 岁的费曼中学毕业，进入麻省理工学院（简称 MIT）。他起初填写的主修专业是数学。可是，就在第一个学期，听过一段时间的课之后，费曼就去找数学系的主任问道："学的这些高等数学，除了为了学习更多的数学做准备之外，还有些什么用处呢？"那位主任回答说："你既然问了这样的问题，就说明你不是属于数学系的。"

于是，费曼想要转到比较实际的工科专业去。然而，费曼一年级的时候，同宿舍住着两名高年级的同学，他们正在选修由斯莱特（J.C.Slater，1900—1976，他对量子理论做过重要的贡献）教授主讲的研究生课程"理论物理学导论（上）"。有一次，当费曼听到那两位高班同学苦苦讨论的物理问题时，插嘴说：为什么不试一试用伯努利方程来求解呢？问题果然得到解决，而这些知识原来是费曼以前自己从百科全书上看来的，从来没有同别人谈论过。类似的多次遭遇，使费曼树立了信心，最后决定主修物理专业。

第二年，费曼正式选修了这门课，这一年轮到斯特拉顿（J.A.Stratton，1901—，他写的《电磁学理论》，曾经是一本被广泛采用的教材）教授来讲了。选读这门课的几乎都是高年级学生和研究生，斯特拉顿教授很快就看出，费曼是一名真正出类拔萃的学生。斯特拉顿在课堂上推导公式的过程中，不时一下子就给卡住了。每逢出现这种情况，在稍稍迟疑之后，他就转向讲台下，请费曼帮忙解决；而费曼就会带点羞怯地走向黑板，指出改正什么地方便能继续推下去，而他的方法显得"总是正确的，并且常常是机敏的"。

下一个学期，即二年级下学期，他接着选修由莫尔斯（P.M.Morse，他和合作者写的一本《理论物理学方法》，是这方面的经典名著）教授主讲的课程"理论物理学导论（下）"。在这门课程里，已经包括了对量子力学这门新兴物理学理论的初步介绍。1937 年秋天，亦即在费曼的三年级上学期，费曼又跟着莫尔斯教授认真地研读狄拉克（P.A.M.Dirac，1902—1984）的名著《量子力学原理》。

总之，在 MIT 的四年学习期间，费曼在多位名师教导之下，掌握了理论物理学的不同方面，特别是下过苦功钻研量子力学。最后，费曼在斯莱特教授的指导下，完成了他的毕业论文《力和分子》，同时表现出了概念方面和计算方面的突出才能。这一工作发表在权威的科学刊物《物理评论》上，其中包含了后来得到广泛运用的"费曼海尔曼定理"这一道量子力学公式。

在 MIT 的这一段经历，使他有机会从城郊小镇进入人才济济的科学殿堂，同众多智力超常的同辈交往和角逐，显露出峥嵘的头角；而他也从一个有点腼腆和犹豫的少年，变成一个趋于成熟而充满自信的年轻人了。

毕业之后，起初费曼想留在 MIT 继续深造。可是斯莱特教授坚持要费曼到别的学校去读研究生，对他说："你应当看看世界上其他地方是什么样子的。"结果，费曼决定去普林斯顿大学，准备做著名的理论物理学家维格纳（E.P.Wigner, 1902—1995）的研究助理。普林斯顿大学是模仿英国一两所著名大学的传统作风而建立起来的。费曼去到那里的当天下午，就被邀请去研究生院院长家里参加茶会。费曼这个土生土长的美国青年，还从来没有经历过这样的场合，不晓得都有些什么规矩。当听见院长夫人在给他倒茶时问"你的茶里想要加奶油还是柠檬，费曼先生"的时候，他竟说："我两样都想要，谢谢你。"这样的回答马上引起了夫人的笑声："嘿……嘿……嘿……你真会开玩笑，费曼先生！"弄得他手足无措。茶会结束后他才明白，奶油和柠檬是不能一起放的，他着实犯了一个社交上的错误。

经过了不同文化和风格的熏陶，费曼后来说："我从不同的学校学到许多不同的东西。""麻省理工学院的确是好，但斯莱特告诫我要去其他学校读研究生也是对的。我现在也经常劝我的学生这样做。要了解世界的其余部分是什么样的。多样化的训练是很有益的。"而"你真会开玩笑，费曼先生！"这句话，就被费曼选作他的第一本"故事集"的大标题。

费曼入学以后，由于情况的变化，没有师从维格纳，而是做了惠勒（J.A.Wheeler, 1911—）的助手。惠勒只比费曼大七岁，头一年刚到普林斯顿担任一名助理教授。他们不仅是师生，也成了一对合作者和好朋友。惠勒对物理学多方面的兴趣和敢想敢为的胆大风格，日后给费曼以决定性的影响；而惠勒后来也说道："大学里招学生的理由是他们可以教那些教授，而费曼则是这些学生当中最杰出的一个。"这两人的聚合，真可谓相得益彰了。

惠勒向费曼讲到，所有物理过程的量子力学描写，都可以看成是由一系列相继的散射过程组成。与此同时，费曼继续致力于考虑他早些时候就极为关注的物理学基本问题，即电磁学的量子理论（量子电动力学）。在 MIT 读本科的时候，费曼读到狄拉克的《量子力学原理》，书中最后一句话："看来这里还需要一些本质上全新的想法。"给他以非常深刻的印象；事实上，费曼早就把解决这一问题当作自己长期努力的目标了。

费曼了解到，电磁场理论的主要问题，是电子自能无限大的困难。

这一困难是由于把电子描写成点粒子而造成的。这个问题在经典的电磁学理论里已经存在了。费曼设想，既然问题出在无限大的场能身上，不如根本取消电磁场，就不会有这个障碍了。费曼的这种想法，实际上恢复了电荷之间的超距作用；不过，为了反映电磁作用的有限传播速度（光速），这是一种在时间上"推迟"了的，亦即需要一定时间传递，而不是即时到达的超距作用。

费曼把他的问题带到普林斯顿去，并且明白了它的缺点所在。根据费曼原来的想法，如果没有场，电子在加速运动的时候，将不会感受到抵抗加速的这一份额外的阻尼力，因而违反了能量守恒的要求。

费曼曾经设想，用一个电荷受到空间中其他电荷对它产生的反作用来解释辐射阻尼。惠勒指出那是行不通的，并且让费曼考虑加进超前作用，看能不能得到正确的辐射阻尼。本来，推迟波和超前波，都是满足电磁场方程的解。但是，由于超前解被认为违反了因果性的要求而从来不被采用。在惠勒的指导下，费曼发现，如果使用一半对一半的推迟解和超前解，并且假定所有的作用源都被一种完全的吸收体环绕着，辐射阻尼就可以看作是由吸收体的电荷以超前波形式对作用源的一种反作用。并且，在这种新的电磁学理论里，既不出现电磁场，也不存在电荷对自身的作用。

1941 年春天，费曼将这一工作写成题为"辐射的相互作用理论"的初稿，交给惠勒。1942 年春天，惠勒重新进行整理和扩充，把修改后的新稿子《超距作用的经典理论——作为辐射阻尼机制的吸收体反作用》交还给费曼。这时候，太平洋战争已经爆发，惠勒开始忙于参加铀同位素分离的军事工作，无暇再接着研究下去。后来，这一工作的主要部分，以两人联名的形式发表在 1945 年的《现代物理评论》上。

费曼从这一工作中得到两项重大的收获。首先，他学会了，一门已经确立了的物理学理论，也可以用完全不同的方式，甚至是被大家抛弃了的形式来重新表述。他后来说过，一个理论如果可以有愈多不同形式的表述，就说明它愈具有基本的意义。

其次，在这一工作的最后形式里，系统的运动方程可以由一种新式的"全空时观点"的最小作用原理推出来。这指的是，在经典力学的最小作用原理里，作用量 S 是拉格朗日量 L 对时间 t 的积分，而 L 本身又是粒子在这时刻的坐标和速度（动量）的函数。现在，由于新的作用量里包含有不同时间（即时间上推迟或者超前）的粒子的变量，就不能把空间积分和时间积分分离，而只能写成在整个空间时间中的四维积分。费曼相信，运用同一种方法，必定能够继续攻克电磁场的量子理论。

原来，1932 年狄拉克有一篇文章，讨论过量子力学里的拉格朗日量表示。狄拉克指出的是，量子力学里负责把 T 时刻的态函数 $\psi(x, T)$ 变换为 t 时刻的态函数 $\psi(x,t)$ 的跃迁矩阵 $(x_t \mid x_T)$，"相当于"以在这一段时间内的作用量积分（除以普朗克常数）为相位的一个相因子。费曼把狄拉克的"相当于"换成"相等于"；并且，对于时间 t 的无限小的增量 ε，写出不同时间态函数的变换公式，将经典力学里的单粒子拉格朗日量代入这道公式，选择适当的常数 A，就能推出量子力学里的基本运动方程——薛定谔方程。

这样，费曼实际上找到了建立量子力学的一种新方法。即有别于海森伯（W.C.Heisenberg, 1901—1976）1925 年建立的"矩阵力学"和薛定谔（E.Schödinger, 1887—1961）1926 年建立的"波动力学"的，量子力学的第三种等价的数学程式。

在这个基础上，费曼创造了一种日后被证明为非常有效的量子理论的崭新的方法，即量子力学的路径积分方法。他相信运用这个方法，必定不难解决他久已萦怀于心的电磁场的量子理论。不过，这时候费曼和他的老师惠勒都已分别参加了战时的军事工作。其间，费曼抽出了六个星期赶写出博士论文《在量子力学中的最小作用原理》，并在 1942 年 5

月通过了学位。然而，处在这样的非常时期，当时这篇论文没有公开发表，自然也没有引起多少注意。

战争时期

这时候，阿琳也在纽约成了一名修习美术的学生。而在晚上，她还要去教人弹钢琴，好挣得自己日间的学费。这种双重劳累的生活，无情地透支着她的健康。已经在普林斯顿深造的费曼，有一次回家时，看到阿琳颈上长了一个小疱，初时以为只是小毛病。后来她开始发热，情况不好，被送进了医院。接着，又发现了她腋下等处的淋巴结肿大，迟迟未能确诊。

在这期间，迫于医务人员和双方家庭的压力，费曼曾经一度违心地向阿琳隐瞒了病情。当她终于从费曼嘴里知道了真相时，第一个反应不是责怪他，而是冲口而出地对他说："天哪！他们让你遭了多大的罪啊！"因为，阿琳深深知道，要使费曼对她说谎是非常困难的，他一定受到过极端的折磨了。经过这件事之后，他们无论如何不会再讲那些"无伤大雅的谎话"，也绝对不再在乎别的任何人是怎么想的了。

最后，经过活组织检验，阿琳被证实患上了"淋巴结结核"。这种病在当时说来是一种不治之症，一般只能再活四五年。这是一场严肃的人生考验，从此刻开始，这两位年轻人将勇敢地并肩对付他们要遇到的一切问题了。

1942 年春天，费曼一通过博士论文，就义无反顾地向他的家庭宣布，他要同阿琳结婚了。几乎所有的家人和朋友全都反对这门亲事。而费曼回答他们说："如果一位丈夫知道他的妻子患上结核病就离她而去，难道这是一种合乎情理的做法吗？"事实上，费曼觉得在感情上，他同阿琳老早就无比紧密地结合在一起了。而更现实的问题是，只有取得了丈夫而不再仅仅是未婚夫的身份，才能够更好地照顾病中的阿琳。

他们联系了在新泽西州离普林斯顿不远的一所慈善医院。然后，费曼借到一辆汽车，自己动手改装成简易的救护车，去迎接羸弱不堪的阿琳，同她的亲人告别后就出发了。就在前往新泽西州的途中，他们两人去了一处市镇政府的办公室，举行了一场没有任何宾客参加的婚礼。此后，每个周末，费曼都从普林斯顿搭车到这所医院来看阿琳。而事实上，在这对新婚夫妇不长的几年婚姻生活里，阿琳基本上都是在医院或者疗养院里度过的。

1942 年年初，当费曼正在普林斯顿苦攻他的博士论文的时候，他的一位朋友，比他大几岁的实验物理学家威尔逊（Robert R.Wilson, 1914— ）向他透露了自己刚刚接受了一项秘密的官方任务，这就是研制第一颗原子弹的工作。当威尔逊动员他参加这项工作时，他最先的反应是不想去。因为，这主要是一件技术性的工作，而他正在为之奋斗并立志献身的则是纯粹的科学问题。其实，在战争时期，差不多所有纯粹物理学的工作都停顿下来为原子弹和雷达等军用研制计划让路了。经过反复的考虑，费曼还是决定参加这一任务。

起初费曼随同威尔逊留在普林斯顿，参加过用电磁方法从天然铀元素中分离 ^{235}U 同位素的讨论。后来的研究表明，这种方法的效率很低，实际的生产是用气体分离法进行的。

经过一段筹备之后，美国政府决定将这个命名为"曼哈顿计划"的核武器研制工程的总部，设在新墨西哥州的一处叫作洛斯阿拉莫斯的一片不毛之地上。一位理论物理学家奥本海默（J.R.Oppenheimer,1904—1967）是这一项目在技术方面的总负责人，费曼就是他在 1943 年接纳的第一批科学家当中的一名。当奥本海默了解到费曼的情况后，特地把阿琳安排在距离洛斯阿拉莫斯最近的一个有较好医疗条件的城市阿尔布克基的一所医院里疗养。

在洛斯阿拉莫斯负责理论部的是另一位理论物理学家贝特（H.A.Bethe, 1906—），因为开始没有来多少人，他经常找费曼讨论各种问题。而费曼回忆说："当我听到物理问题时，我就只考虑物理学，而不管我的话是对谁讲的。于是我就入了迷似的对他讲：'不，不，你是错的。'或者'你真笨。'等。""我的反对常常是错的。但无论如何，贝特正需要有人给他挑毛病。如果一味谦让，他倒会不满意了。"

才华横溢的费曼，他的高超智慧和洞察力给贝特留下了非常深刻的印象。例如，他们两人合作，在核武器的早期研制阶段就推导出适用于任何质量范围的爆炸效率公式；它一直使用到现在，并且被称为"贝特费曼公式"。由于贝特极为赏识费曼的才干，就委派他领导一个小组，负责计算工作。

贝特是来自康奈尔大学物理系的教授，他在 1938 年用核聚变反应的机制，成功地解释了太阳能量的来源，从而解决了这一困惑人类的千古之谜，他后来为此获得 1967 年的诺贝尔物理奖。贝特准确的物理直觉、惊人的分析能力、一往无前的精神、正直的人生态度，都给予费曼以深刻的影响，并且赢得了他的爱戴。

与此同时，奥本海默也看中了费曼。1943 年 11 月，奥本海默写信给他原来所在的伯克利加州大学物理系的主任，竭力建议招揽费曼战后到伯克利工作。他在推荐信上写道："费曼是明显地超出这里所有其他年轻物理学家的最出色的一个，每一个人都知道这一点。他具有彻底献身的品质和性格，在所有方面都极为明白和健全；他是怀着对物理学一切方面的热爱的一位杰出教师。他对于理论成员（他自己是其中的一员）同实验成员（他同他们非常紧密地和谐合作）都保持着可能做到的最好关系。……维格纳说过：'他是第二个狄拉克，只是这一时代的人物。'"

但是，由于贝特早些时候的推荐，就在这一个月里，费曼已经接到康奈尔大学物理系请他战后到那里担任助理教授的函件。而且，办事正统而保守的伯克利物理系主任，并不认为有必要这么早就做出聘任的许诺。奥本海默得知这些情况后，于1944年5月再次去信给他的系主任，表示强烈的遗憾和失望。信上写道："费曼不仅是一位极有才华的理论家，而且还是一位最坚定、负责和热情的人物，一名杰出和有头脑的教师，以及一名永不疲倦的工作者。他会以罕见的才干和罕有的热忱来教授物理。……事实上，他正是我们伯克利长期以来所需要的一个人，这个人将贡献于物理系的团结，并且把它的专业水准带领到前所未有的高度。"奥本海默真有眼光，他说的所有这些，都将在费曼日后的长期教学生涯中一一付诸实现，不过并不在伯克利就是了。

当从丹麦逃亡出来的玻尔父子（N.Bohr, 1885—1962; A.Bohr, 1922—）俩辗转抵达洛斯阿拉莫斯，试图为提高炸弹的威力而出谋献策时，费曼也参加了为此举行的技术会议，坐在一堆大人物的后面，自然也忍不住发了言。会后，费曼出乎意料地接到小玻尔的电话，说他们父子俩要单独同他面谈。在会见后的讨论当中，费曼想到什么就讲什么，直言不讳地回答说："不，那是不行的。那是没用的。""这次听起来要好一点，但那里头有这样的一个该死的笨念头。"等等。反复谈了两个钟头后，老玻尔才说，现在可以叫那些大人物来讨论了。

后来，小玻尔告诉费曼是怎么一回事。原来，在头一次大会之后，他的父亲对他说："要记住坐在那边后面的那个小伙子的名字。他是唯一一个不怕我，并且会在我说出一个愚蠢的想法时敢于指出来的家伙。所以，下回当我们有想法要讨论时，我们根本不要去找那些对任何问题都只会说'是，是，玻尔博士'的家伙。我们要先找到这个家伙同他谈谈。"

除了参加各种技术问题的讨论之外，费曼的主要工作是主持一个小组，进行工程计算。他们使用的计算工具，是一些现在早已看不到的、手摇操作的机械式计算机；费曼在读大学的时候，已经熟悉了这种机器，现在很快就成为这方面包括使用和维修的一名专家。

开始时，每台计算机独自进行各种运算，这样效率并不高。他们了解到国际商用机器公司（IBM）已经生产用穿孔卡片输入的，各种由电动机驱动的加法机、乘法机等，就去定做所需要的机器。与此同时，在这种做法的启发下，他们采取"流水作业"的办法，让每一台计算机各司其职，分别专门做加法、乘法或者开方等，并且用手写的卡片来传递数据。结果，计算效率增加了好几倍。事实上，这相当于一种手工操作的原始程序方法。

留在阿尔布克基医院里的可怜的阿琳，日渐衰弱下去。除了在周末能够见到费曼之外，阿琳平时就不断写信，寄托对郎君的思念。为了消磨时光，这些信上常常有一些谜语或者其他小玩意儿，两人从中获取了无穷的快乐。为了出其不意，他们甚至还分别练习过中国的书法，以表达相互的情谊。

1945年6月，阿琳终于不行了。一天，费曼知道情况危急，匆匆赶到医院。阿琳已经呼吸困难，昏迷不醒。几个小时后，费曼目送她永远离去，这一天是6月16日。

费曼随即回到洛斯阿拉莫斯，他不知道怎样面对众多的同事，只是对他们简单地说："她去世了。而任务进行得怎样了？"他们都明白他不想沉浸在悲痛之中，便如常地继续工作。只是在一个月之后，当费曼走过一家百货商店，看到橱窗里的一套漂亮衣服，忽然想到阿琳一定会很喜欢的时候，才禁不住恸哭一场。

完成了一项重要的计算之后，费曼请假回到纽约家里稍事休息。一天他收到一份电报："婴儿将于某日出世。"他知道时候到了，马上乘飞机回基地，赶上了开往进行代号为"三一试验"的试验场地的车队。那一天是1945年7月16日，一个可纪念亦可诅咒的日子。他被安排在离爆炸中心20英里（约合32千米）处的观察站。清晨5时30分，费曼躲在一辆卡车的挡风玻璃后面，用肉眼目睹了远方升起了一团比千百个太阳还亮的巨大火球。他原先以为，在这么远的距离，核爆炸的主要伤害只在于紫外线，一块厚玻璃就可以挡住。后来他才晓得害怕，无论如何，他可能是用肉眼直接观察第一颗原子弹爆炸的唯一的一个人。

那些日子，在洛斯阿拉莫斯，人人都为试验成功而欢欣鼓舞，热闹得好像过节一样。费曼看到，只有威尔逊独自闷闷不乐，他对费曼说："我们造的这个东西太可怕了。"接着，8月上旬美国军队在日本广岛和长崎制造的悲剧，使更多人变得清醒起来。正如奥本海默后来所说："无论是指责、讽刺还是赞扬，都不能使物理学家们摆脱那本能的内疚；因为他们知道，他们的这种知识，本来是不应当拿出来使用的。"

在洛斯阿拉莫斯的那几年，费曼经历了一场刻骨铭心的爱情，也看到了起初以莫大热情投入而诞生的一团巨火。现在，在他的生活里交织在一起的爱和火都结束了。曾经沧海的费曼，心灰意冷地离开洛斯阿拉莫斯，从此以后，他再也不参加任何为军事服务的工作了。

现代量子理论的建立

1945年11月，费曼离开洛斯阿拉莫斯，前去康奈尔大学物理系上任。

在到康奈尔前不久，费曼永别了爱妻；翌年秋天，他又失去了慈父。此外，费曼还笼罩在自己参与研制的核武器的威力被美国当局滥用的阴影之下，情绪相当低沉；他觉得以前对物理学研究的灵感好像已经"耗尽"，再也做不出什么来了。一天，他在校园咖啡厅吃午饭的时候，看到一个孩子把印有康奈尔校徽的一个碟子旋转着扔到空中。费曼观察到，碟子一边旋转，一边摇晃；并且从校徽图案的转动看出，碟子自转的频率差不多是摇晃频率的两倍。这一现象顿时引起了他的兴趣，他马上动手用经典刚体力学的方程去解出这种运动。费曼从这个例子联想到电子的运动和它的自旋，重新燃起了对量子电动力学的热情。

1947年春天，他先对在普林斯顿时写的博士论文进行整理和修改，使它变成一种普遍性的理论。这篇1948年发表在《近代物理评论》刊物上、题为《非相对论性量子力学的空间时间方法》的总结性论文，第一次公开阐述了他所创立的量子力学的"路径积分方法"，即把从初始状态到终末状态的、所有在空间时间中的可能路径所贡献的振幅，都叠加或者积分起来，以构成总振幅的方法。在这篇日后将成为量子力学经典文献的论文里，已经摆脱了对于原来含有超前解的超距作用模型的依赖，而仅仅把它当作一个应用的例子。

1947年年初，兰姆（W.E.Lamb, 1913—）和里瑟福（R.C.Retherford, 1912—1981）运用在战时雷达研究中得到飞速发展的微波技术，观察到氢原子能级里的"兰姆移位"。这是当时最先进的相对论性量子力学理论也解释不了的一种崭新现象。

1947年6月初，美国物理学会等组织筹办了以"量子力学和电子"为题的"设尔特岛会议"。与会者有费米、奥本海默、贝特、冯·诺伊曼（J.Von Neumann,1903—1957）、拉比（I.Rabi, 1898—1988）、泡利（L.C.Pauling, 1901—）、外斯科夫（V.Weisskopf,1908—）和惠勒等著名的科学家；费曼和来自哈佛大学并与他同庚的施温格（J.S.Schwinger, 1918—）等人也作为年轻物理学家的代表被邀请出席。这是费曼首次与这许多"大人物"同时参加的一次"纯粹"物理学会议。他回忆道："在我后来在世界各地参加的会议中，我都没有感觉到像这一次会议那么重要。"

在会议的头一天，兰姆报告了他们关于氢原子光谱线移位的最新实验结果；拉比也介绍了他们实验组观察到的类似偏差。而对于这些问题，在会议之前和会议当中，都没有得出一种恰当的理论解释。

贝特在会后离去的列车上，对兰姆移位做了一种非相对论性的估算。通过适当选择积分上限的截断，结果同当时的实验数据符合得很好。这是对兰姆移位的一个理论上的初步解释。贝特的工作，引起了费曼的浓厚兴趣。因为，此前费曼关于路径积分及其相对论化的研究，主要是当作一种基本方法来考虑的。现在，正好提供了一个初试牛刀的极佳机会。经过了一段时间的努力，费曼终于用他自己的路径积分方法解决了这个难题。

费曼还由此发展了一种图形技术，能够大大地简化微扰计算的分析。在这种后来被普遍运用的"费曼图"里，用顺时间方向的线段代表电子的运动；与此同时，受到在普林斯顿时惠勒告诉他可以把正电子看作逆行电子的启发，又用逆时间方向的线段代表正电子即电子的反粒子的运动。由于这是一种相对论性的理论，在图形中的每个关节点的空时坐标，在计算中都是要对整个空间时间积分的。因此，在对由一个图形代表的那项的全部积分中，就包括了所有各个关节点的时间先后顺序各不相同的那些贡献。而其中的每一种不同的时间顺序，在老式的微扰计算里，一般都代表一个单独的项；这些不同的项，对应着过程里含有或者不含有电子正电子对等的不同的"中间态"。现在，按照费曼的方法，一下子就算出了原来要先分开来算的好些项的贡献之和；而这个和式，一般要比原来的每个单项都简单得多。并且，对于与愈复杂的图形相对应的计算，这种优越性就愈明显。

起初，费曼在一定的程度上是凭着直觉和猜测建立起他的理论的。这种新的方法还有待补充和完善。不过，费曼也已经敏锐地看出，他的方法不仅适用于量子电动力学，即电子同光子相互作用的理论，也应当适用于刚刚兴起的介子理论的微扰计算。

与此同时，施温格也在尽全力做同样的问题，用量子电动力学去计算兰姆移位和电子反常磁矩，并且得到与费曼相类似的结果。1948年四五月之交，在美国宾夕法尼亚州举行的"波科诺会议"上，他们两人又一次相遇了。这是接着设尔特会议召开的第二次相近主题的讨论，出席的是上次会议的大部分成员，还添上玻尔父子、维格纳、狄拉克等著名的学者。

会议开始，上午先由施温格开始做一个延续了七八小时的报告。他是使用人们比较熟悉的方法进行计算的，其中满是繁复的数学公式。下午的后半段时间，才轮到费曼发言。费曼的新颖思想，一时很难被人接受；特别是他的路径积分方法，大家全都初次听到。面对着听众连珠炮似的提问，费曼越解释就引出越多的麻烦。而当费曼讲到他的图形时，老玻尔站起来，以权威的口吻打断说：20年前，我们已经知道，在量子力学里是不能使用电子的路径或者轨道的概念的。言下之意是费曼根本没有学好量子力学。其实，经典力学的轨道是粒子通过的一条确定的轨迹；而费曼说的路径只是粒子运动的一种可能途径，计算时需要把所有可能路径的贡献求和。费曼也知道，玻尔实际上并没有弄清楚自己讲的是什么意思，况且有些问题还没有考虑到。因此，他决定下一步要把这些东西都整理出来，写成文章发表。

另一方面，在会议上费曼和施温格进行了密切友好的交流以及互相参照和帮助。虽然他们俩对于对方的数学方法和具体计算还来不及弄明白，但是双方的基本思路和主要结论，都是很接近的。他们坚信，尽管暂时几乎得不到任何其他人的认可，而两人能够达到相互理解和认同，就证明了他们所做的工作一定是正确的。

就在这时，在日本出版的英文刊物《理论物理学进展》上面载有朝永振一郎 (S.Tomonaga, 1906—1979)1943年发表的一篇日文文章的英译文，讲的正是量子场论的相对论性形式，以及有关无限大量的消去办法。这表明了几年前朝永在与世隔绝的情况下，已经建立了施温格理论的基本纲要。

1947年秋天，正当众人对量子理论进行着这一轮热火朝天的新冲击之际，戴森 (F.J.Dyson, 1923—) 从英国来到康奈尔做贝特的研究生，并且不久就同费曼成了挚友。戴森回忆说："费曼是一位极有独创性的科学家。他不把任何人的话当真。这就意味着他得自己重新发现或发明几乎全部物理学。……他说他不理解教科书中所讲的量子力学的正规解释，所以他必须从头开始。这实在是个壮举。在那些年月里，他比我知道的任何其他人都更加用功。最后他有了自己能够理解的对量子力学的解释，然后他又继续用这种解释来计算电子的行为。……我用正统理论为贝特所做的'量子电动力学'计算，花了我几个月的时间，用掉几百张稿纸；而费曼在黑板上演算，只用半小时就得到了同样的答案。"

于是，戴森决定，在完成了贝特所布置的任务之后，"我的主要工作应当是了解费曼，并且用世界上其他人都能懂得的语言来解释他的思想。"1948年夏天，同这两位物理学家有过深入接触的戴森忽然领悟到，费曼的图形和施温格的方程，恰恰是同样一套理论体系的两个不同的侧面。回到康奈尔，戴森很快写出了《朝永，施温格和费曼的辐射理论》和《量子电动力学中的S矩阵》两篇文章，系统地论证了他们三人理论的等效性，并且把费曼方法的路径积分表述翻译成大家都能看懂的形式。经过戴森创造性地整理改写的这一理论方法，给出了后来普遍使用的量子场论的标准程式。

1949年4月中旬，费曼又参加了接着波科诺会议召开的第三次讨论理论物理学基本问题的"老石头会议"。主持会议的奥本海默回顾了两年来的三次会议之间，在量子电动力学理论上取得的决定性的惊人进步。而在这次会议上，完全是由费曼唱主角了。

根据费曼的方法，只要确定了具有一定拓扑结构的费曼图，像拼砌积木一样，对图形上每一段代表初态或末态粒子的外线和代表中间态的内线，以及每一个多条线段交会的顶角和封闭回路等，按照一定的规则写出相对应的一些因子和运算符号，就立刻可以得到完整的易于计算的振幅公式。费曼还发展了在计算总振幅时需要用到的一套"算符排序"等运算技巧。从此，这种构成了现代量子场论的一系列概念和语言，就成为每一位理论物理学家所必须掌握的基本工具；而其中常常用到的费曼图、费曼积分、费曼振幅和费曼规则等名词则处处留下了他的印记。费曼所参与创造的、最早对量子场论中出现的无限大量的消减处理方法，后来又发展成为一种"重正化"理论。

1965 年，费曼以及朝永和施温格三人，由于在"量子电动力学方面的基础性工作"，共同获得了该年度的诺贝尔物理奖。当年 12 月，费曼在他的获奖讲演里，回顾了从大学时代开始的这一场历时多年的奋斗经过。他说，在最后的理论里，既没有当初的超距作用，也没有超前势了。这就好像麦克斯韦（J.C.Maxwell, 1831—1879）从他早期的机械模型脱胎出独立的电磁场理论一样。费曼打个比方说，譬如一位老妇人，今天已经风采不再。但是，我们还是能够称赞任何一位老太太说，她曾是一位很好的母亲，孕育过一些很好的孩子。

对科学和教育的贡献

1950 年 2 月，费曼应邀到加州理工学院（简称 Caltech）去讲学，很欣赏那里的自然气候和学术气氛。其实，人家请他去讲学，正含着想把他挖过去的用意。经过初步接触，Caltech 很快应允给刚刚三十出头的费曼以正教授的待遇。可是，康奈尔已经安排费曼在 1951 到 1952 学年为带薪的学术假，又碍于贝特的深厚情谊，弄得他有点进退两难。Caltech 得知这一情况后马上决定，费曼调来后的第一年享受学术休假，不必到校，照领薪水。这一打破常规的优惠做法，终于收到了效果。

于是，第二年，费曼在去 Caltech 报到，并且写完上一阶段工作的最后一篇总结性文稿《在量子电动力学中运用的一种算符运算》之后，1951 年 8 月到 1952 年 6 月，按照事先的安排，到巴西去讲学一年。从南美洲回美国后，费曼一直在 Caltech 物理系工作，并于 1959 年起担任托尔曼理论物理学教授，直到他去世为止。

费曼在 Caltech 工作的 30 多年里，继续在理论物理学的不同方向的研究上获得了累累硕果。与此同时，他一直坚持在物理教学的第一线上，也取得了非凡的成就。可以这样说，费曼把他的一生，都献给了物理学的研究和教育事业。以下逐一扼要地介绍他的一些主要成就：

一、超流问题

早在 20 世纪初，实验就发现了，液态氦 He 在温度 2.19K 以下，会发生完全无阻滞的流动。这种在很低温度下的现象称为超流动或超流。对于超流现象，曾经有过一些不同的理论解释。

费曼从 1953 到 1957 年，系统地研究了超流问题。首先，他认为以往的每种理论都反映了实际问题的一个侧面，也都不够完整，因此，他动手以路径积分方法，用量子统计物理学的基本工具，从头计算这个问题。费曼的工作，最后可以得出在低温下系统会发生从常流体到超流体的"相变"的定性结论。不过，因为当时的条件所限，其预言在定量上还不能令人满意。后来，在 20 世纪 80 年代有人按照费曼的理论方案，用大型计算机做出其中的路径积分，便得到了与实验符合的结果。

二、弱相互作用理论

李政道和杨振宁 1956 年发表关于基本粒子弱相互作用中宇称不守

恒的理论，并且很快由吴健雄等在钴 60 的 β 衰变的实验研究得到证实之后，在全世界引起了一场轰动。

费曼认真地阅读李和杨的文章。当他看到文章上用来描写 μ 子衰变的相互作用公式时，领悟到有可能由此引伸出一种适用于包括 β 衰变在内的任何弱衰变过程的普遍理论。原来，1934 年费米提出的 β 衰变理论，是涉及衰变初态及末态四个粒子（费米子）在内的一种直接相互作用。根据包括宇称守恒在内的相对论不变性的要求，这类相互作用可能有五种不同的独立形式：标量（S），矢量（V），张量（T），轴矢量（A）和赝标量（P）。现在，一些实验结果连同新发现的宇称不守恒现象，暗示着真正的相互作用，可能是 V 和 A 的叠加，也可能是 S 和 T 的叠加。不过，由于当时不同的实验小组所得的结果互相矛盾，一时未能做出最后的结论。

1957 年夏天，费曼从他的同事玻姆 (F.Boehm) 那里了解到最新的实验进展，他们自己系里的实验小组已经开始得到倾向于 V 和 A 的结果。费曼马上用从李和杨的工作中受启发得到的，代表着最明显的宇称不守恒效应的，等量的 V 和 A 的叠加，即 VA 的作用形式进行计算。结果发现，同样的相互作用形式和同样的弱耦合常数可以很好地同时解释 μ 子衰变和中子（或原子核）的 β 衰变。

这时候，费曼的一位同事兼好友盖尔曼 (M.Gell-Mann, 1929—) 刚从外地旅游回来。费曼得悉盖尔曼也正在做 VA 理论的工作，于是两人合写了一篇文章，发表在 1958 年的《物理评论》上。在他们阐述了弱作用的这种"普适 VA 理论"的这篇文章里，还提出了"矢量流守恒"（CVC）的假设。这指的是，中子 β 衰变的矢量耦合常数与 μ 子衰变的矢量耦合常数相等，反映了中子的弱耦合强度不会因为其参与的强耦合而发生改变。

盖尔曼和费曼的这一工作，标志着对弱相互作用的理解，从过去对各个不同过程的分散研究，达到了一个普遍性认识的新阶段。费曼对他的这一成果很有点沾沾自喜，并且觉得："这是我第一次发现一条新的定律。"他觉得自己关于量子理论方面的基本贡献，主要是提供了一种新的计算方法；而关于超流等研究工作，又仅仅是对于已经发现的现象的解释。只有这一次，才真正满足了他从小要找出物理学的规律，揭示自然之谜的梦想。

三、量子引力理论

引力理论是宏观物理学中的古老内容。20世纪初爱因斯坦提出的广义相对论，本质上是一种宏观的引力理论。量子力学建立以后，怎么将引力论和量子论结合起来，便成了物理学家们继续努力的下一个目标。费曼从20世纪60年代初期开始，致力于探讨这个问题。那个时候，关于理论上预言的、类似于电磁辐射那样的引力辐射或引力波是否是一种真正存在的物理对象，还没有取得统一的认识。

费曼坚信引力波的存在，并且用他所建立的路径积分方法，处理了引力场的量子理论。他的工作一方面用关于引力子的量子场论的方法重新给出广义相对论里的基本方程；另一方面则进一步对于近似（微扰）计算中所涉及的某些关键图形（圈图）的发散性质进行讨论，对量子引力问题做了一系列基础性的工作。

虽然引力场的量子化问题，迄今没有得到令人满意的解决；但是，费曼的处理方法的确是有开创意义的。例如，1962年，费曼首次用路径积分方法处理了引力理论中的规范不变性。后来，大家发现这种处理比传统方法更为有效，于是它就成了在20世纪70年代开始兴盛起来的规范场论的标准形式。

今天，费曼所提出的路径积分方法，已经被广泛地运用于包括粒子物理、核物理、原子物理、高分子物理、材料物理、经典波动分析和宇宙论等各个物理学分支。

四、部分子模型

1968 年上半年，费曼开始考虑像质子那样的强相互作用粒子（即强子）之间的碰撞。在能量很高的情况下，碰撞时间极为短促，质子还来不及作为整体参与作用。费曼认为，实际上在一次碰撞里发生作用的，只是质子里的一些点状的组成部分。在他看来，在高能碰撞时，质子等强子可以看成是由若干个在质子内部独立运动的点状粒子组成，这些粒子被他称为"部分子"。按照他的想法，高能强子之间的碰撞总概率，应当近似等于碰撞双方所含所有部分子两两发生碰撞的概率。

这时候，在斯坦福大学的直线加速器中心 (SLAC) 对电子质子的非弹性碰撞做了深入的实验研究。1967 年，SLAC 的布约肯 (J.D.Bjorken) 对实验结果进行分析，提出所谓"标度近似"，细致地反映了点状组分在电子质子的非弹性碰撞中的支配地位。

1968 年 8 月，费曼来到 SLAC 访问，了解到那里的进展。费曼和布约肯发现，两人理论的主要想法竟然是不谋而合的，而费曼的分析方法则更为清楚和有效。于是，在 SLAC 兴起了一阵部分子模型的热潮，很快取得了一批有价值的成果。按照费曼的模型，每个部分子携带着整个质子的一个确定部分的能量和动量。因此，在对非弹性碰撞实验资料的分析中，就有可能得到关于质子以及一般的强子内部分布细节的了解。

部分子原是费曼用来分析碰撞动力学时引入的实体。而在早几年，盖尔曼通过对类似于元素周期表那样的强子谱的分析，提出过组成强子的更深层次的单元——夸克。物理学家们很快就证认出，费曼的部分子，主要的就是夸克。所以，也可以说，电子质子的非弹性碰撞数据表明了夸克在质子内部是近似做自由运动的。

五、在物理教学上的贡献

在物理学研究上取得累累硕果的同时，费曼许多年来一直坚持在教学第一线上。费曼热爱教学工作，他曾说过："我不相信，我真的可以脱离教学而做得成什么。这是因为，我需要有事可做，使得当我头脑空空而且无处可去时，我可以对自己说：'至少我在活着，至少我在做事；我在做着贡献。'"

费曼还认为，教课对自己的研究很有好处。他说："如果你在教一门课，你可以思考那些已经熟知的基本的东西。……有没有更好的方式去表达它们？有没有与此相关的新问题？你可以从此得出什么新思想吗？……""学生们的问题常常是新的研究工作的源泉。他们时常问我一些深入的问题，是我曾经考虑过多次而暂时搁下来的……他们的提问唤醒了我去思考有关的一些问题。靠你自己是不容易想到这些东西的。""因此，我发现进行教学和同学生接触会使生活充实，并且我决不接受一个我不再从事教学的职位，即使有谁给我弄到了一个很舒适的位置。决不！"

从 1961 年秋季开始，费曼为低年级学生主讲了一次两年的物理学导论课。同他合作的是散兹 (Matthew Sands) 和莱顿 (Robert B. Leighton) 两位教授。这是由散兹发起的改革基础物理课程的一次尝试。在这两年内，费曼几乎用全力投入这项工作，他在课堂上的讲授全部录了像，后来据此整理出版成三卷本的《费曼物理学讲义》(以下简称《讲义》，编者注)。

费曼希望学生集中注意那些本质的东西。与有些教师着重于提高考试成绩，以及另一些教师着重于同后续课程的衔接或者将来的实际应用都不同，费曼宣称："我讲授的主要目的，不是为你们参加考试做准备——甚至不是为你们服务于工业或军事做准备，我最想做的是向你们给出对这个奇妙世界的一些欣赏，以及物理学家们看待这个世界的方式，我相信，这是现今时代里真正文化的主要部分。（或许有其他学科的许多教授会反对这一点，但我相信他们是完全错误的。）"

费曼的讲授不追求数学上的严格，也不落实于具体的应用，而是通过引人入胜的叙述，运用丰富而生动的例证以及深刻而精辟的议论，透彻地讲解各种物理现象的本质和规律。这套具有鲜明特点的《讲义》出版后，很快风靡全世界。它以强烈的感染力熏陶着一代又一代的年轻物理学家，伴随着他们闯进物理学的各个未知领域。与此同时，这套《讲义》亦成为广大物理教师案头必备的参考读物。人们普遍认为，这套《讲义》是费曼对物理学的一大贡献，他实际上起到了物理教学上的"众师之师"的作用。费曼后来也领悟到，他为此停下了两年的研究工作的确是很值得的。

除此之外，根据费曼在康奈尔大学和洛杉矶加州大学的讲演，先后出版了《物理定律的本性》（1964）和《QED：光和物质的奇妙理论》（1985）两本普及性的讲义。

不息探索的一生

费曼曾经指出，学习物理学有五个方面的理由。他的意思简单说来：第一是为了学会怎样动手做测量和计算，及其在各方面的应用；第二是培养科学家，他们不仅致力于工业的发展，而且贡献于人类知识的进步；第三是认识自然界的美妙，感受世界的稳定性和实在性；第四是学习怎样由未知到已知、科学的求知方法；第五是通过尝试和纠错，学会一种有普遍意义的自由探索的创造精神。由此可见，在费曼看来，科学首先是一种认识世界的思想方法，学习科学不只是学到科学知识，更重要的是学会科学创造的精神和探索未知领域的方法。

费曼认为："科学家是探险者，而哲学家是观光客。"又说："我是一名探险家，我喜欢发现。"费曼的一生，正是勇于怀疑，不息探索的一生。戴森这样说过费曼："首先，他不相信别人讲的所有东西。这是他的本性。他总是怀疑专家们告诉他的任何东西。他要从一个全新的观点，自己来理解物理学的基本规律。"那么，这种从未知到已知的探索是怎样进行的呢？

按照费曼的体会，发现新的科学规律，是从猜想开始的。他说："猜想从何而来是完全不要紧的；重要的是它要同实验相符合。"费曼还强调，理论是不可能由经验直接推出来的："现实经验的细节常常同基本定律相距甚远。"这里明显地表现出理性主义的光芒。那么，怎样提出猜想呢？费曼认为，历史的借鉴和哲学的启迪会有助于猜想。但是，戴森告诉我们，"费曼发现新事物，看来就好像玩魔术一样——他不是通过通常数学的普通过程做到这一点的，因为他可以通过某种稀奇古怪的过程猜出答案，他自己对其中的进程也不理解，而我们当然就更不清楚了。"

费曼的探索精神，并不限于在科学方面。他到世界上来一趟，不满足于只做一名观光客，而是要做一名探险者。在物理学界，早就流传着关于费曼各方面的一些轶事。晚年的费曼，同莱顿教授的儿子小莱顿（Ralph Leighton）成了好朋友。1985 年，小莱顿把费曼平时所讲的故事整理汇编成集。这本 *"Surely You're Joking Mr.Feynman!"Adventures of a Curious Character* 出版后引起了世界性的轰动，连续十几周名列《纽约时报》最佳畅销书目。1989 年，又出了第二集 *"What Do You Care What Other People Think?"Further Adventures of a Curious Character*，这本书的书名，则取自费曼同阿琳之间的约定，此书也获得成功。

这两本书出版以后，好评如潮。例如《华盛顿邮报》评论道："仅从这本书就可以看出，费曼是一位极具独创精神的、才华横溢的、无限好奇的、富于活力的、调和折中的、热情奔放的、爱好交友的、精于嘲弄传统观念的人物，还可以看出他对科学的献身，对第一性原理的体验，以及他才具有的关于实在的观点。"书中的各个故事，给我们勾画出费曼生活中的方方面面，被认为是他的自传式作品。

从这两本书和其他资料中我们了解到，费曼不仅研究物理学，而且也涉猎其他科学的领域。例如，他早期对噬菌体遗传现象的研究，导致在哈佛大学生物系的一次正式科学报告；他对玛雅象形文字的破译，发现了古人的天文学知识；他后来关于用量子力学讨论计算机能力的文章，也成了量子计算理论方面的经典。至于在洛斯阿拉莫斯工作期间，由于缺乏娱乐而设法破解密码去打开保险箱等小把戏，就更不在话下了。

也是在洛斯阿拉莫斯的时候，工余时间闲得发慌，费曼学会了击拍当地印第安人的鼓供自己消遣。后来，他竟成了一名邦戈鼓（bongo，一种非洲鼓）的业余演奏能手，而小莱顿是他的一个伙伴；他们不仅在学校里或者朋友们的聚会上助兴，而且还为正式的芭蕾舞演出登台伴奏过。此外，在巴西讲学期间，费曼也曾加入当地的桑巴（Samba，一种拉丁舞）乐队，操作一种打击乐器，参加狂欢节的巡游。

费曼在艺术上的另一方向的尝试是绘画。在 Caltech 的时候，他结识了一位画家左思安（J.Zorthian）。这位朋友自告奋勇地教授的结果，使从小就自认为缺少美术天分的费曼居然也像模像样地作起画来，并且还正式卖出过几张油画和素描。最后，在朋友们的怂恿下，在 Caltech 的教授俱乐部里，费曼举行了一次个人画展。费曼认为，他从这些活动里获得了很有价值的新鲜体验。

费曼的探索精神，充分体现在他的"嗅觉试验"里。在洛斯阿拉莫斯的时候，费曼对人们常说的警犬的嗅觉比人灵敏得多表示怀疑。他和阿琳做了一些简单的试验，结果："我发现，警犬的嗅觉的确很灵敏，然而人类也并非像他们自己认为的那样差。"费曼把人类嗅觉效果比较差的原因归于人直立行走后鼻子离地面远了。他曾经试着在地下爬行，看看能不能提高嗅觉的效果。后来，在朋友们的一个晚会上，他表演了他的嗅觉技巧，可以闻出不同人摸过的书本的气味。可是，由于费曼经常开玩笑甚至有点恶作剧，大家都不相信他真的是闻出来的。

费曼的所作所为，诚然不像一位模范人物。1954 年春天，费曼被选为美国国家科学院院士。费曼觉得，如果参加这个团体的主要任务仅仅是投票决定有谁够资格享有这一荣誉，那就没有什么必要去凑数。但是，为了不辜负长辈和朋友们的期望，他仍然参加了一些活动。不过，最后费曼还是向科学院的院长提出了辞呈。他的这些表现，自然会被人认为是我行我素、玩世不恭，甚至是狂妄自大、行为乖张。

1945 年阿琳逝世之后，费曼过了几年单身汉的生活。1952 年在巴西的时候，在异国他乡只身独处的费曼，不免倍感寂寞。他想起了在康奈尔时结识的一位女友玛丽·露意丝·贝尔（Mary Louise Bell），于是远隔万里向她写了一封求婚信。得到接受之后，在 1952 年 6 月，刚从巴西回国的费曼便同玛丽结成夫妻。但是，玛丽是一位讲究虚荣并且过分好强的女性。她坚持要求费曼屈从于她，表现得像一个严肃庄重的教授，放弃不拘小节、自由自在的生活。两人终究过不到一起，他们只共同生活了四年，于 1956 年离异。

1958 年夏天，费曼在去瑞士参加第二届国际和平应用原子能会议期间，在美丽的日内瓦湖畔遇到了一位年轻的英国女子温妮丝（Gweneth Howarth，1934—1989）。后来，通过相互的交往和了解，发现彼此适合于成为终身的伴侣。第二年，两人便结成夫妇，终于建立了一个稳固而和睦的家庭。他们生育了一个儿子卡尔（Carl Feynman, 1962—），又收养了一个女婴，取名米歇尔（Michelle Feynman, 1968—）。费曼从不强求他的子女去攻读物理学或者其他理科专业。事实上，卡尔大学本科起初主修哲学，后来改读计算机科学，米歇尔则成为了一名专业的摄影师。

1978 年夏天，费曼因腹部疼痛就医。检查结果是患了一种癌症——脂肪肉瘤。这是一种会迅速蔓延的恶性肿瘤。在 UCLA 癌症诊所所做的外科手术中，从费曼腹部取出了差不多有足球那么大的一块病变组织，并且发现癌细胞已经侵入了脾脏和一个肾脏。

三年之后，到了 1981 年 10 月，复查又发现费曼腹部的癌肿重新长大，并且和肠子缠绕在一起。在接着进行的第二次手术中，发生了主动脉破裂的意外。这是一种异常凶险的情况，病人很容易由于大量失血而下不了手术台。当急救的消息传到 Caltech 的校园里后，数以百计的学生立即赶到医院，为他们敬爱的教授献了大约 40 升的血。手术做了 14 小时才结束，总算挽救了他的性命。

第二次手术之后，费曼过了几年病情相对稳定的日子。1986 年 1 月 28 日，美国"挑战者号"航天飞机发射后不久发生爆炸，七名宇航员全部不幸遇难。费曼应邀到华盛顿去，参加为调查这一事故而专门成立的、由前国务卿罗杰斯 (W.Rogers) 牵头的总统委员会。

费曼很快发现，他的工作习惯同美国官方的办事作风格格不入。他拿出了当年在洛斯阿拉莫斯的劲头，独自到有关的机关和部门去了解和调查。1986 年 2 月 11 日，在委员会全体出席的一个公开的听证会上，费曼当着电视摄像机的镜头，用一杯普通的饮用冰水做了一个演示实验，证明运载火箭连接部"O"形密封圈的材料，在发射时的低温下会失去弹性。正是由于这一原因，导致火箭燃料泄漏而起火爆炸。通过电视实况转播，一日之间，费曼成了一位在美国家喻户晓的科学明星。

这次的活动恐怕是费曼最后一次出远门了。1986 年 10 月和 1987 年 10 月，为了对付继续生长的肿瘤，费曼相继接受了第三次和第四次手术，以至于他的腹腔的一侧几乎都被掏空了。费曼的腰向一边倾斜，他感到虚弱、疲倦和疼痛，并且时常表现得无精打采。但是，费曼仍然为研究生们讲授"量子色动力学"的课程。只有同科学和探险有关的话题能够激发起他的精神与活力。

1988 年 2 月 3 日，费曼情况不好，又一次住进医院。他的身体已经不能再动手术，他自己也不想用肾脏透析之类的手段来无谓地拖延生命。2 月 15 日晚上，费曼结束了他不息探索和不停历险的一生，离70 岁还有不到 3 个月。第二天，悲痛的学生们在 Caltech 密立根图书馆的顶层挂出了一块布幛，上面用醒目的大字写着"WE LOVE YOU, DICK"（Dick 是费曼的名字 Richard 的昵称），表示他们的深切悼念。

伴　读

一、阅读目标

1. 知识积累目标

（1）了解《物理定律的本性》的主要内容。

（2）了解一位著名科学家对世界的看法。

（3）了解公开演讲的特点，以及它与一般作文的差别。

2. 能力提升目标

（1）对科学研究有初步的了解。

（2）对物理规律的特性有初步的认识。

（3）认识到适当的例子和图片有助于读者和观众理解演讲的内容。

3. 人文精神目标

（1）培养理性思考的能力，科学认知的精神。

（2）增长对大自然的好奇心，培养推动世界进步的信心。

二、思考探究

1. 根据一个人的公开演讲，可以了解他的思想，特别是他对世界（自然界和人类社会）的看法。通过阅读本书的七次演讲的内容，再结合附录里的《费曼小传》，你对费曼有什么样的印象？

2. 二十世纪是物理学革命的世纪，像费曼这样著名的物理学家，你还听说过哪些？请列举三位，并概述他们的事迹。

3. 中国也有一些著名的物理学家，他们也对物理学的发展做出了重大贡献。请列举两三位，并概述他们的事迹。

4. 物理物理，万物运行的道理。物理学的研究目标就是寻找自然现象背后的规律。费曼多次用观棋来比喻物理学的研究：通过观察棋子的移动，推断下棋的规则。你觉得这种比喻合理吗？有什么需要补充的地方吗？

5. 初二就要开设《物理》课了，小美同学喜欢数学却害怕物理，担心这门课程太难、太抽象。请给小美同学发条短信，介绍她读《数学同物理学的关系》这篇文章。

6. 引力是无处不在的，从"水往低处流"到"地球绕着太阳转"，从微小的原子世界到灿烂的银河乃至浩淼的宇宙，任何两个物体之间都存在引力。费曼用引力定律介绍了物理规律的特性以及我们是如何逐步地发现它们的。你还知道哪些物理规律吗？它们有什么适用的范围吗？举出一两个例子。

7. 费曼强调了对称性在物理学中的重要性。什么是对称？在我们的日常生活里，有哪些地方会出现对称性？请举出三四个例子，最好是配上图画或照片。

8. 时间一去不复返，这是生活的常识。可是直到现在，科学家们仍然不能确定过去和未来为什么会有差别。你以前想过这个问题吗？读了《过去与未来的区分》以后，你怎么看待这个问题？

9. 概率在物理学里扮演着重要的角色。扔出去的石头一定会落地，烧开了的水一定会变凉，这些是确定的事情；抛出的硬币在落地后是哪一面朝上，从扑克牌里随便抽出的一张是什么花色，这些是不确定的结果。你觉得大自然的规律是确定性的呢？还是有一些不确定性？说说你的理由。

10. 我们身边就有许多有趣的物理现象，如果注意观察，就会发现它们，通过思考和学习，还能理解它们。比如说，雨后的彩虹，飘扬的旗帜，飞溅的喷泉。你一定也注意到过一些类似的现象，举两三个例子，并简要地描述它们。

三、延伸阅读

1.《别逗了，费曼先生！》，〔美〕费曼 著

2.《从一到无穷大》，〔美〕伽莫夫 著

3.《一念非凡》，曹则贤 著

4.《奇妙的物理学》，〔俄〕瓦尔拉莫夫，阿斯拉马卓夫 著

5.《1分钟物理》，中科院物理所 编

图书在版编目（CIP）数据

物理定律的本性 / （美）理查德·费曼著；关洪译 . — 长沙：湖南科学技术出版社，2021.4（中小学生阅读书系）

ISBN 978-7-5710-0905-2

Ⅰ . ①物… Ⅱ . ①理… ②关… Ⅲ . ①物理学－青少年读物 Ⅳ . ① O4-49

中国版本图书馆 CIP 数据核字（2021）第 028468 号

The Character of Physical Law
Copyright ©1965 by Richard P. Feynman

湖南科学技术出版社独家获得本书简体中文版中国大陆出版发行权。
著作权合同号：18-2016-201

中小学生阅读书系

物理定律的本性
WUULI DINGL DE BENXING

著　　者：【美】理查德·费曼
译　　者：关洪
责任编辑：吴炜　李蓓
出版发行：湖南科学技术出版社
社　　址：长沙市湘雅路276号
　　　　　http://www.hnstp.com
湖南科学技术出版社天猫旗舰店网址：
　　　　　http://hnkjcbs.tmall.com
邮购联系：本社直销科 0731-84375808
印　　刷：长沙超峰印刷有限公司
　　　　　（印装质量问题请直接与本厂联系）
厂　　址：宁乡市金洲新区泉洲北路100号
邮　　编：410600
版　　次：2021年4月第1版
印　　次：2021年4月第1次印刷
开　　本：850 mm×1230 mm　1/32
印　　张：7
字　　数：169千字
书　　号：ISBN 978-7-5710-0905-2
定　　价：48.00元
（版权所有·翻印必究）